|第一辑|

# 大熊猫

## 国宝的百年传奇

高富华|著

**图书在版编目（CIP）数据**

大熊猫，国宝的百年传奇 / 高富华著. -- 北京：五洲传播出版社, 2020.11（2024.6重印）
（中国人文标识）
ISBN 978-7-5085-4504-2

Ⅰ. ①大… Ⅱ. ①高… Ⅲ. ①大熊猫—普及读物 Ⅳ. ①Q959.838-49

中国版本图书馆CIP数据核字(2020)第179850号

作　　者：高富华
图　　片：高富华　图虫创意 / Adobe Stock　tpg / dreamstime　孙　前
　　　　　陈玉村　杨　苡　郝立艺　黄　钢　高华康　马建博
出 版 人：关　宏
责任编辑：梁　媛
装帧设计：青芒时代　张伯阳

**大熊猫，国宝的百年传奇**
出版发行：五洲传播出版社
地　　址：北京市海淀区北三环中路31号生产力大楼B座6层
邮　　编：100088
电　　话：010-82005927，82007837
网　　址：www.cicc.org.cn, www.thatsbook.com
印　　刷：北京市房山腾龙印刷厂
版　　次：2020年11月第1版第1次印刷　2024年6月第1版第2次印刷
开　　本：710 × 1000　1/16
印　　张：12
字　　数：160千字
定　　价：68.00元

# 序

从 40 亿年前地球上开始出现生命算起先后存在过约 5 亿种生物，至今尚存的约有 1000 万种。很多物种在漫长的岁月中被大自然淘汰。

大熊猫，这种早在800万年前就出现的稀有物种还保持着原始的外貌特征、生理习性，成了当今地球上动物的活化石，原始生命的“遗老”。

大熊猫的诞生远早于人类文明。它们栖息于青藏高原东缘的高山峡谷中，经历了漫长的地质变迁和第四纪冰川的洗礼，顽强地生存下来。

人类科学认识大熊猫的历史并不长，从1869年法国博物学家阿尔芒·戴维在中国发现大熊猫算起，只有150多年。然而谁也没有想到的是，大熊猫一经发现就有了“国际范儿”，它的乳名有很多，如“黑白熊”“竹熊”“食铁兽”等，但它在国际上的大名只有一个“PANDA”。PANDA 出现在哪里，哪里就会热闹起来，因为“大熊猫不仅是中国人民的宝贵财富，也是世界各国人民关心的自然历史的宝贵遗产”。

大熊猫的数量并不多，野外的和圈养的加在一起，也不过2000多只，但大熊猫作为生物多样性保护的旗舰，登上了世界舞台，大熊猫和大熊猫栖息地格外引人瞩目。

大熊猫成为世界自然基金会（WWF）会旗会徽的动物图案，至今“大熊猫旗帜”依然在地球上空飘扬；大熊猫成为亚运会吉祥物，登上重大国际体育赛场；“大熊猫栖息地”纳入世界自然遗产保护地……

中华人民共和国成立之初，“国礼”大熊猫从中国走向世界，带着东方文化的独特气质，传递和平友善的文化精神，拉近了中外人民心灵的距离，走进世界民众的内心。

20世纪80年代后，出于保护国宝和物种繁衍的考虑，中国停止对外赠送大熊猫，逐渐转为大熊猫中外合作研究。

历经风雨，大熊猫芳华依然，魅力四射。大熊猫以其无可取代的多元价值和与生俱来的神奇魅力成为闪耀世界舞台的明星。

如今，一个纵横四川、陕西、甘肃三省的大熊猫国家公园呈现在中国大熊猫栖息地走廊带上，这座公园是以国家的名义保持自然生态系统的原真性和完整性，保护生物多样性，保护生态安全的有效屏障。让大熊猫国家公园保有荒野本来的面貌，保护大熊猫及其伴生野生动植物的生物多样性，使其成为人与自然和谐共生的乐园是我们共同的责任。它将给子孙后代留下珍贵的自然遗产。

地球应该不只有人类，还有多种多样的动植物们。只有保护地球生物的多样性，这个世界才会生机勃勃、千姿百态、景象万千。

# 大熊猫物语

嗨！你好！
我从远古走来，
当你们出现在这个蓝色星球时，
我在这里已等候了好几百万年。

大熊猫有三难，
那是你们说的，
如果我真的不解风情，
我还能香火绵延不绝？

大熊猫没有早餐，
那也是你们说的，
如果我真的食不果腹，
我还能挺过八百万年？

你们又说，
大熊猫没有过去，
那是我身上的遗传密码，
你们至今没有破译。

你们还说，
大熊猫没有未来，
其实只要给我一方净土，
我就活得花样翻新。

嗨！你好！
和谐共生。
同一个家园同一个梦想，
我们永远在一起。

# 目 录

## 第一章

# 发现大熊猫

大熊猫在地球这个蓝色星球的第一次漫步，据说是在遥远的800万年前，但人类第一次听到大熊猫的脚步声，是在一个乍暖还寒的季节，1869年4月1日，在四川省宝兴县邓池沟天主教堂内。

# 大熊猫　国宝的百年传奇

PART 01
# 神秘的黑白熊

1869年2月28日，春寒料峭，夹金山冰雪覆盖。一个步履蹒跚的法国人来到了邓池沟天主教堂。

邓池沟天主教堂位于今天四川省雅安市宝兴县的夹金山山腰处。这个法国人叫阿尔芒·戴维。他的身份是一个传教士。2月21日，阿尔芒·戴维从成都出发，打算前往西藏，整整走了8天后，戴维来到雅安的夹金山。

邓池沟天主教堂旧影

他以为这里就是西藏了，于是称这里为藏东地区，在这里发现和收集的植物标本被他称为“藏东植物”。其实，这里离西藏还很远。

阿尔芒·戴维之所以能到这里来，是因为邓池沟天主教堂是法国人建的。在这里工作的传教士，收集了不少动植物标本寄回法国。他此行的目的有两个，一为法国自然历史博物馆收集动植物标本，二是弄清楚“黑白熊”为何物。

法国人阿尔芒·戴维

## 我始终梦想着去中国

1826 年 9 月 7 日，阿尔芒·戴维出生于法国西南部一个名叫艾斯佩莱特市的小镇。他的父亲是个庄园主兼医生，也当过市长和法官，热衷于医学和生物研究。阿尔芒·戴维深受父亲的影响，从小就喜欢与大自然亲近，经常陶醉于绚丽多彩的大自然中，他学会了诱捕、狩猎和制作动植物标本。诱捕飞禽的口哨他吹得惟妙惟肖，可以以假乱真，他制作的动植物标本栩栩如生，陈列在当地的博物馆中。

马赛港旧景

× 法国人阿尔芒·戴维的《戴维日记》

19世纪的法国巴黎，是欧洲汉学的发源地和中心。中国被那些着迷于东方文化的人们描绘成天堂胜景。26岁时，阿尔芒·戴维在日记中写道："我始终梦想着到中国去。"他向教会提出申请，得到的回答是："实现梦想需要等待。"

从26岁到36岁的10年间，阿尔芒·戴维被派往意大利的萨沃纳市（Savona）教书，萨沃纳市是位于阿尔卑斯山脉和地中海之间的港口城市。

1861年，他的"等待"有了回音。法国宗教界、外交界同意派遣阿尔芒·戴维到中国"科学传教"，主要任务是帮助法国巴黎自然历史博物馆收集动植物标本。

1862年2月24日，36岁的阿尔芒·戴维和其他6名传教士、14名修女从马赛港启程。当年，苏伊士运河尚未开通，前往中国需要绕道非洲好望角。经过3个多月的漫漫航程，阿尔芒·戴维于5月底到达上海，稍事休整，继续前行，最后经天津于7月21日到达北京。从此，他开始了在中国寻找动植物标本的10年历程。

## “四不像”&“戴维鹿”

在阿尔芒·戴维到中国之前，已有传教士和来华工作的外国人把一些中国物种标本带回了欧洲。但由于缺乏专业知识，收集的动植物标本不但散乱，而且大多也不是珍稀品种。

阿尔芒·戴维开始中国的旅行考察前，在北京香山静宜园、河北承德木兰围场、清东陵等处发现了不少中国特有的物种，比如梅花鹿、马鹿、直隶猕猴等，并将标本陆续运回法国，引起了法国生物界的震动。最为神奇的是，中国动物“四不像”被命名为“戴维鹿”。

1865年秋，戴维听说北京的南郊有一群“奇异的鹿”。对生物学家来说，他们是不会放过一个新奇的动植物的，哪怕是一株枯萎的野草。

永定河在华北大平原上缓缓向东流动，在地势低洼处形成了很多大大小小的湖泊，北京人俗称“海子”。包裹着这些“海子”的，是一片片树木葱茏的密林，中间间隔着低矮的灌丛和蒿草没膝的草地。这一大片如今属于北京南四环到南六环之间的地带，在清朝时被一堵高高的围墙圈起，有宫门，还有重兵守卫，这就是清朝的皇家猎苑——南苑。在这里，戴维发现了一个西方动物分类学中之前没有记载的物种——麋鹿。

麋鹿，俗称“四不像”，角似鹿非鹿，脸似马非马，蹄似牛非牛，尾似驴非驴，是大型的沼泽湿地鹿类，也是中国独有的物种。从远古到晚清，麋鹿不断地出现在中国人的诗词和其他文字记录中。不过，因为人类千百年来的猎杀，麋鹿数量一直在减少，清末时基本上已经没有野生的麋鹿了。

1866年3月，通过贿赂，戴维从皇家猎苑管理者的手中“弄”到了麋鹿头骨和鹿皮。4月，他将自己亲手制作的3只麋鹿标本寄回巴黎，并写信告诉亨利・米勒・爱德华兹：“一种有趣的反刍动物，这是一种奇异鹿。”经亨利・米勒・爱德华兹鉴定——它不仅是一个新种，而且是鹿科动物中的新属——麋鹿属（Pere Pavid's Deer）。

为了纪念阿尔芒・戴维的贡献，麋鹿在法国被命名为“戴维鹿”（David Deer）。从此，养在“深宫”的麋鹿开始闻名于世界。

阿尔芒・戴维在北京曾建了一个博物馆，取名“百鸟堂”，展览戴维发现的鸟类和其他动植物标本，开中国博物馆之先河。“百鸟堂”就建在北京蚕池口教堂内。据北京救世堂樊国梁主教撰写的《燕京开教略》一书记载：“有达味德者（David即阿尔芒・戴维——作者注）邃于博物之学，抵华后，遍游名山大川，收聚各种花卉鸟兽等物，以备格致，即于北堂创建博物所。内储奇禽计800多种，虫豸蝶计3000余种，异兽若干种，植物金石之类，不计其数，毕博物家罕见者。馆开后，王公巨卿，率带家属，日来玩赏者，随肩结辙，不久名传宫禁，有言皇太后曾微服来观者。”

馆内陈列奇禽800余种，虫蝶3000余种，还有异兽、植物、矿石之类。百鸟堂对外开放后，各界人士包括王公大臣等都前往参观，不久传入宫内，据说慈禧太后也曾微服前往观赏。一时间，百鸟堂门庭若市，远近闻名，争相游赏。

这里便成了阿尔芒・戴维收集动植物标本的大本营，除寄回法国的标本之外，其余标本都陈列在了这里。

## 三次中国旅行考察

当麋鹿开始被世界所知的时候，阿尔芒·戴维走出了北京，开始了他在中国境内的第一次“旅行”。

1866年3月12日，阿尔芒·戴维从北京出发，目标是今天的内蒙古、辽西一带，当年10月26日返回北京，完成了第一次旅行考察。

“本来很可能我的出征会取得更多更大的成绩，但我未能到达预期的目的地青海和甘肃。我原来的打算是穿过甘肃进入青海，那个地区是尚未开发过的，很难行走，应该隐藏着不止一类的新东西。”

后来，他写下了《蒙古与中国旅行记》。

从内蒙古返回后，阿尔芒·戴维的目光盯在了中国的南方。随后他离开北京南下，在江苏、上海、福建等地留下了足迹，还顺着长江水道一路西行，进入四川。这是他在中国的第二次旅行考察，从华东到华西。后来，他还进行了第三次旅行考察，从西北到华中、华东。

1868年7月，阿尔芒·戴维到了上海，认识了一个名叫叫韩伯禄的神

戴维手绘的大熊猫图

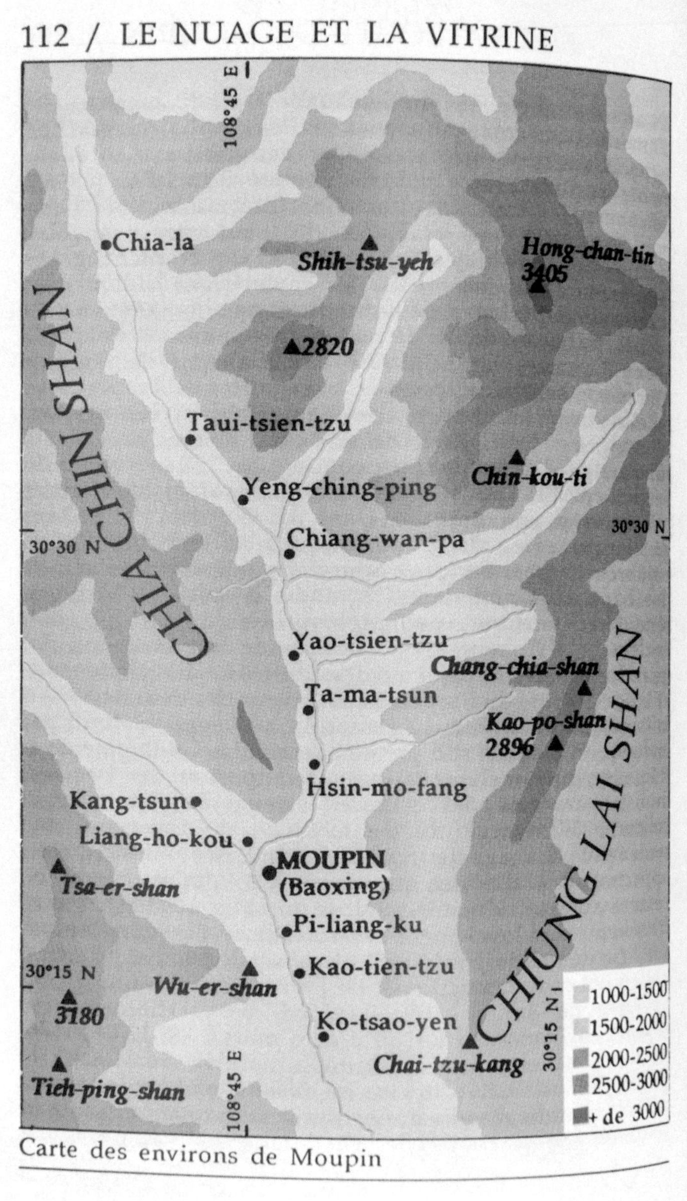
112 / LE NUAGE ET LA VITRINE
108°45 E
Chia-la
Shih-tsu-yeh
Hong-chan-tin
3405
CHIA CHIN SHAN
2820
Taui-tsien-tzu
Chin-kou-ti
Yeng-ching-ping
30°30 N
Chiang-wan-pa
30°30 N
Yao-tsien-tzu
Chang-chia-shan
Ta-ma-tsun
Kao-po-shan
2896
CHIUNG LAI SHAN
Hsin-mo-fang
Kang-tsun
Liang-ho-kou
MOUPIN
(Baoxing)
Tsa-er-shan
Pi-liang-ku
30°15 N
Wu-er-shan
Kao-tien-tzu
3180
Ko-tsao-yen
Chai-tzu-kang
30°15 N
108°45 E
Tieh-ping-shan
1000-1500
1500-2000
2000-2500
2500-3000
+ de 3000
Carte des environs de Moupin

当年穆坪附近的地图

父，他们都有一个共同的爱好：收集和制作动植物标本。后来，韩伯禄也在上海徐家汇建立了一个博物馆。

在上海，阿尔芒·戴维与韩伯禄还有过一次有趣的“交锋”。当韩伯禄得知阿尔芒·戴维要从长江水道进入长江流域时，他哈哈大笑：“我先梳理过的地方，你还去干什么？后来者必将空手而归。”

阿尔芒·戴维说：“你是骑马坐轿，我是徒步踏勘，怎能一样？”

也许正是阿尔芒·戴维用双脚丈量大地，与万物更接近，收获才更丰富。

在上海，阿尔芒·戴维偶然得知，在遥远的长江上游地区，有一个叫穆坪的地方，是“上帝的后花园”，里面有很多珍稀的动植物。一个曾在邓

穆坪旧影

池沟天主教堂工作过的传教士说，邓池沟天主教堂位于穆坪的大山中，那里生活着一种叫“白熊”的动物。于是，他把第二次旅行考察的目标定在了穆坪和栖息在那里的“白熊”。

他不知道，一个石破天惊的秘密正期待他的破译——传教士口中所说的“白熊”，正是后来风靡全球的大熊猫。

1869年1月10日，阿尔芒·戴维到了成都。他到四川教区拜会主教平雄神父。平雄神父也在穆坪修道院工作过，巧的是，平雄神父也热爱自然科学，曾经考察过穆坪的自然资源。

“在穆坪的森林里，生活着两种羚羊，一种野牛，一种黑白熊。”平雄神父对阿尔芒·戴维说。

“是白熊？还是黑白熊？”阿尔芒·戴维追问道。

“当地人对这种动物的名称很多，说‘白熊’是它，说‘黑白熊’也是它。也许它还有其他名字，我也说不准。”平雄答道。

再一次听说“白熊”后，阿尔芒·戴维再也坐不住了，也许一个重大的发现正等着他。

## 一张不明动物的皮

1869年2月22日，阿尔芒·戴维雇用了5个挑夫，在青年传教士库帕的陪同下，从成都经双流、新津、邛崃，到达今芦山县大川镇，然后翻越海拔3000多米的大瓮顶，28日到达了目的地穆坪邓池沟天主教堂。

当天晚上，他在日记中写道：“这里虽然离成都不远，但由于崇山峻岭的阻隔，仍是一个封闭的部落。这里的高山和河谷都被原始森林覆盖，使得当地的野生动物得以生存和延续下去。”

3月1日，阿尔芒·戴维开始工作，邓池沟天主教堂神父格里特特意给他安排了连在一起的两间房子，一间作休息室，一间为工作室。3月2日，挑夫送来行李和制作标本的工具、实验器皿。

阿尔芒·戴维点燃了酒精灯，蓝色的火苗第一次在遥远的大山中闪耀，一束科学的曙光照射在这里。

从3月到11月，戴维白天以邓池沟天主教堂为中心，四处考察，夜晚就在教堂里整理和制作动植物标本，这盏酒精灯陪伴着他度过了一个又一个不眠之夜，见证了一个又一个奇迹的诞生。大熊猫、川金丝猴等大名鼎鼎的野生珍稀动物，就是在这盏酒精灯下解剖并制作成标本的。

刚到穆坪11天，“黑白熊”就与阿尔芒·戴维不期而遇了。

3月11日，戴维在学生格尼·厄塞伯的陪同下，来到红山顶下的河谷考察。红山顶是当地一座较高的山峰，戴维一路收集了很多植物标本。下午在返回教堂的路上，遇上了一位李姓的教友。那人邀请他们到家里喝茶、品甜点。戴维看天色尚早，便欣然答应。这一去，一个隐藏了数百万年的秘密露出了端倪。

一走进李家的中堂，戴维就看到了墙壁上挂着的一张黑白兽皮。

“莫非这就是传说中的‘黑白熊’？”戴维急步向前，仔细观看起来。这张动物皮只有两种颜色，周身雪白，四肢漆黑，全身黑白分明。

李姓教友见他对这张动物皮感兴趣，走过去告诉他：“这是一张竹熊皮。”

“竹熊？”阿尔芒·戴维哑然失笑，一种动物竟然有三个名。其实，当地人除了称这种动物“白熊”“黑白熊”“竹熊”外，还有一个名字叫“花熊”。

回到教堂，戴维迫不及待地打开日记本写道："天啦！伟大的造物主居然创造出如此奇特的大型动物。它可能成为科学上一个有趣的新物种。"

第二天，他再次来到李姓教友家仔细观察黑白熊猫的皮毛。他知道，对于生物学来说，没有见过活体动物，就不能说这种动物存在。

3月23日，戴维雇用的猎人带来了一只幼年的"黑白熊"。遗憾的是，为了携带方便，猎人把捕捉到的"黑白熊"弄死后才送来。虽然"黑白熊"死了，但尚有余温的身体还是证明了这种神奇动物的存在。

## 大熊猫是熊还是猫

4月1日是西方人的愚人节，但对阿尔芒·戴维来说，这天却是他最幸运的日子。

这天上午，猎人们又给戴维送来一只活的成年"黑白熊"。他兴奋不已，围着"黑白熊"团团转，终于确认了自己之前的直觉——这又是一个欧洲没有的物种。戴维暂时把它定名为"黑白熊"。

发现"黑白熊"，让戴维激动不已。他等不及将"黑白熊"制作成标本寄回法国，便要求巴黎自然历史博物馆立即公布他对这种熊的描述：

"Ursus Melanoleucus A. D.（拉丁文，意为"黑白熊"），我的猎人是这样说的：体甚大，耳短，尾甚短；体毛较短，四足掌底多毛；色泽：白色，耳、眼周、尾端并四肢褐黑；前肢的黑色交于背上成一纵向条带。

我前些天刚刚得到这种熊的一只幼体，并也曾见过多只成年个体的残损皮张，其色泽均相同且颜色分布无二。在欧洲标本收藏中，我还从未见过这一物种，它无疑是我所知道的最为漂亮可人的新品种；很可能它是科学上的新种。在过去20天里，我一直请十几位猎人去捕捉这种不寻常的熊类的成年个体。

4月4日，又一只黑白熊雌性成体纳入我的收藏。它体型适中，皮毛的白色部分泛黄且黑色部分较幼体之色泽更深沉而又更光亮。”

亨利·米勒·爱德华兹收到戴维的信后，出于对戴维严谨求实的科学态度的认可和信任，他毫不犹豫地在当年出版的《巴黎自然历史博物馆之新文档》第5卷刊发了阿尔芒·戴维的来信。

由于饲养不当，这只“黑白熊”病了，最后死在了天主教堂内。

在“黑白熊”生病期间，阿尔芒·戴维束手无策。“黑白熊”的生活习性对他来说完全是一个未知的领域，最终只能眼睁睁地看着这只“黑白熊”一天天消瘦下去，直至身亡。

1869年10月，阿尔芒·戴维把大熊猫的皮毛和骨头寄回法国。同时他附了一封信：“我在成都时，听平雄主教说到白熊，当时想的是这种熊得了白化病。当我看到皮张后，马上就相信这是一个有清楚区别的物种。箱子里装的是一只成年雌性黑白熊的皮毛和全部骨头，另一只是幼年雌性，也是皮毛和骨头。我对这种熊的认识，在到来之前毫无所知。”

此时，亨利·米勒·爱德华兹的儿子阿尔封斯·米勒·爱德华兹已接任馆长职务，他也是一个自然科学家。在认真研究阿尔芒·戴维寄回的标本后，他认为“这不是一个熊属”，而是一个新属。

“就其外貌而言，它的确与熊很相似，但其骨骼特征和牙齿的区别十分明显，而是与小猫熊和浣熊相近。这一定是一个新属，我已将它命名为Ailuropoda（猫熊属）。”

1870年，他的研究成果《中国西藏东部动物的研究》发表在《关于哺乳动物自然历史的研究发现》合刊上。

阿尔封斯·米勒·爱德华兹提到的小猫熊，即我们今天所说的小熊猫，是1821年发现的，因为阿尔芒·戴维发现的“黑白熊”和小猫熊有相似之处，所以阿尔封斯·米勒·爱德华兹将它命名为“大熊猫”（也有翻译成“大猫熊”），并在它的名字中加上了发现者（David）的名字：Ailuropoda Melanoleuca David。后来简称“PANDA”。

阿尔芒·戴维当时对大熊猫习性的认知主要来自猎户们的描述：“栖息在和黑熊相同的森林里，不过数量稀少得多，分布地海拔也高一些。它似乎以植物为食，但有机会吃到肉食时，它也绝不会拒绝。我甚至认为在冬季里，肉食是它的主食。”

后来，这只大熊猫死了，他解剖发现“胃里尽是竹叶”，总算弄清楚了它的食物来源。

150多年过去了，昔日的科学已成为今天的常识。我们可以一眼就看出阿尔芒·戴维对“大猫熊”认知上的偏差。

这是一个躲过了第四纪冰川期的古老物种，为了在寒冷的冰川期生存下来，它们改变了原先的食肉特性，开始以竹子为食，但是吃肉的犬牙却保留了下来，偶尔地吃一些肉食，它们的确不会拒绝，不过它们的主食一年四季都是竹子。为了在冰川期繁衍自己的种群，它们缩短怀孕时间，进化出生育早产儿的特性：初生的大熊猫幼崽没有黑白相间的萌宠模样，而像没有毛的小老鼠，离开妈妈的照顾很难成活……

不过，正是因为阿尔芒·戴维首次发现了“大猫熊”，才有了更多的后来者不断研究和探索这一物种的秘密。因此，1869 年4 月1 日，也就是阿尔芒·戴维见到熊猫活体的这一天，被定为“大熊猫发现日”，而穆坪，也就是今天的宝兴，也成了世界知名的大熊猫模式标本产地。

大熊猫是一种有着独特黑白相间毛色的活泼动物。它的拉丁名：Ailuropoda melanoleuca，指的就是它黑白相间的外表。

大熊猫的种属，从发现大熊猫的那天起就开始了争论，至今仍未统一。国际上将它列为熊科、大熊猫亚科。而国内传统分类，大熊猫既不是“猫”，也不是“熊”，而是单列为“大熊猫科”。

## 川金丝猴和珙桐

1869年5月4日，戴维雇佣的猎人又给他带来惊喜：6只猴子。经过仔细鉴定，戴维认定这又是一个“新种”——金丝猴。

“这种猴色泽金黄而可爱，身体健壮，四肢肌肉特别发达。面部奇异，像一只绿松色的蝴蝶停立在面部中央，鼻孔朝天，鼻尖几乎接触到了前额。它们的尾巴长而壮，背披金色长毛，终年栖息在目前有白雪覆盖的高山树林中。它是几个世纪以来中国艺术的神祇，是令人推崇的理想的化身。”

金丝猴在中国境内分布着4个亚种：川金丝猴、滇金丝猴、黔金丝猴和怒江金丝猴。国外还有一个种：越南金丝猴。阿尔芒·戴维发现的是川金丝猴。川金丝猴名气最大，分布也最广，生活在四川、陕西、甘肃和湖北神农架的原始森林中。

金丝猴浑身金色的毛发在太阳的照射下闪闪发光，煞是漂亮。当时的欧洲人只在中国的图画和瓷器上见过它们，还以为它们是臆想中的动物，正是戴维的发现告诉人们，这种传说中的美丽动物是真实存在的，而且是

川金丝猴

在中国。

在穆坪他还发现了一种被称为“植物大熊猫”的孑遗植物——珙桐（Davidia Involucrata）。珙桐像大熊猫一样，躲过了第四纪冰川期，花开时节，成双成对的“花瓣”像是满树飞舞的鸽子。

戴维看到珙桐时，正值珙桐花开的季节，树上一对对白色花朵躲在碧玉般的绿叶中随风摇动，远远望去，仿佛是一群白鸽在枝头摆动着可爱的翅膀。

戴维被这种奇景迷住了，给它取了个非常生动的名字：“中国鸽子树”。后人研究才发现，那些美丽的“鸽子翅膀”其实并不是珙桐的“花瓣”，而是一种特殊的叶子——苞片。

戴维把“养在深闺人未识”的珙桐写入了自己的植物学著作，并在书

× 珙桐花开

中配发了一幅漂亮的手绘彩图，因为花苞片的形状，珙桐被称为“鸽子树”或“手帕树”。可能是这种树的描述和戴维那幅漂亮的插图引起了商人的注意，英国维彻公司才产生了引种的念头。欧洲的园艺狂人们纷纷前往中国，将包括珙桐在内的多种植物引入欧洲，漂亮的珙桐现在已成为欧美普遍栽培的景观园林树，也成为世界十大观赏树之一。

由阿尔芒·戴维在穆坪发现的其他比较著名的物种还有：扭角羚（又称羚牛），虽然身形庞大，貌似笨重，却是爬山的高手；娃娃鱼（学名大鲵），这种古老的两栖类物种有着娃娃一样的叫声；另外还有藏酋猴、绿尾虹雉等。在植物中则有多种美丽的高山杜鹃和报春花。

从穆坪考察归来后，阿尔芒·戴维曾回法国休养了将近两年时间。在此期间，他搜集的部分动植物标本被拿到巴黎自然历史博物馆展览，得到了很高的评价。为此，阿尔芒·戴维当选为法兰西科学院院士。

1872年3月，他再次返回中国，11月2日从北京启程，开始在中国境内的第三次旅行考察，从华北到西北，再到华东，历时一年多。

戴维在秦岭停留了4个月，后来沿汉水南下，经汉口、九江，又去了武夷山，到达了深山中的一个传教点——挂墩。这里海拔1800米，位于今天武夷山自然保护区核心地带的地方。这里一年的大部分时间云雾缭绕，因为空气湿度高、生存条件恶劣，人烟稀少，原始植被保存完好。

戴维的收获是空前的，但他却对在中国的传教前途感到渺茫："总而言之，不要指望中国会变成了一个天主教国家。因为照目前速度来看，得花上四五万年的时间，才能把全部中国人改造成基督徒。"但也是在这里，戴维发现了很多独特的物种，如挂墩鸦雀、挂墩角蟾、猪尾鼠等。因为戴维对其生物多样性的推崇，挂墩后来成为当时世界动植物学者向往的"模式标本的圣地"。

1873年11月，戴维还是离开了中国，离开了在他眼里是如此美好的国家："中华文明令人羡慕，除了偶尔的土匪流寇外，这片大地安静、祥和、深沉。人们勤劳、朴素、文雅，人人守礼。"

戴维在中国待了不到10 年，这段时间中他的物种发现用"庞大"来形容也一点不过分。1874年，戴维回到法国，带回的动植物标本以及活体，经巴黎自然历史博物馆统计，总计2919种植物，9569种昆虫、蜘蛛与甲壳类动物，1332种鸟类以及595种哺乳动物，而这些还不包括那些在各种意外中损失的标本。之后的岁月里，阿尔芒·戴维与其他自然科学家合作，主要致力于对这些标本的分类、描述、展览和出版等工作。

1877年，戴维出版了《中国鸟类》(Les Oisieuxdela Chine)，记录了他在中国发现的772种鸟类，其中约60种是以前没有报道过的。《中国鸟类》成为当时研究中国鸟类的经典著作。

法国植物学家弗朗谢和阿尔芒·戴维合作，对阿尔芒·戴维存放在巴黎自然博物馆的植物标本进行整理和描述，并出版了《戴维植物志》，全面介绍戴维搜集到的植物。此书分两卷，第1卷于1884年出版，副标题是《蒙古、华北及华中的植物》，记载了现在的北京、河北和内蒙古等地的植物1175种，计有新种84个。第2卷于1888年出版，该卷的副标题是《藏东植物》。"藏东植物"，从标题上看似乎范围很大，其实记载的全是来自穆坪采集的植物402种，其中163种为新种。这本书对于西方认识和了解中国植物影响很大。

另外，阿尔芒·戴维还写了一本名为《戴维日记：一个法国博物学家1866~1869年在中国的考察》，详细地记录了他从1866 ~ 1869年在中国的考察的经历，发现大熊猫的全过程，正在该书的精彩篇章。

1900年11月，阿尔芒·戴维在巴黎溘然长逝，享年74岁。

阿尔芒·戴维在中国的三次旅行考察，其间发生的传奇故事，让他和他所发现的那些物种，在世界博物学发展史上留下了辉煌的一页，也间接推动了中国现代博物学的发展。

## PART 02
# 对大熊猫的疯狂追逐

阿尔芒·戴维离开中国，隐居荒野的大熊猫却走向了世界，穆坪成为“神秘70年”的风暴眼。大熊猫标本还在路上，阿尔芒·戴维撰写的报告已经发表，但这份报告并没有引起轰动，毕竟新物种太多了，多得似乎让人有些麻木了。

“黑白熊”标本运抵巴黎展览时，正值普法战争，虽然普鲁士军队已经逼近巴黎，但天性浪漫好奇的法国人还是跑去看大熊猫标本，大有“大熊猫，让战争走开”之势。

不看不知道，世界真奇妙。人们从兽皮上看到一张圆圆的脸，眼睛周围是圆圆的黑斑，就像戴着时髦的墨镜，而且居然还有精妙的黑耳朵，黑鼻子，黑嘴唇，这简直就是戏剧舞台上化妆的效果，太不可思议了！

有人断言，这张来自中国的皮毛绝对不真实，一定是伪造的。亨利·米勒·爱德华兹仔细研究了黑白熊的皮和骨骼以后，否定了有关伪造的说法，确信这是一个新的物种，而且认为它不是熊，与19世纪早期在中国西藏发现的小熊猫食性相近，但其嘴圆，有着猫的特点，最后确定了它的分类科目、种属关系，将这种动物最后命名为“大猫熊”（Panda）。亨利·米勒·爱德华兹虽然纠正了阿尔芒·戴维的错误观点，但他没有贪功，仍然将“大猫熊”（Panda）命名人的桂冠戴在了阿尔芒·戴维头上。

## 李希霍芬的遗憾

就在阿尔芒·戴维在中国进行第二次旅行考察时，一个来自德国的地理学家也来到了长江下游，开始了他在中国的第一次考察，他叫李希霍芬。他比阿尔芒·戴维在中国走过的地方还要多，只不过他的考察重点是地质和地理，而阿尔芒·戴维考察的是动物和植物。

在中国与世界的文化交流上，他们都有着卓越的贡献，阿尔芒·戴维的惊世发现，把中国的珍稀物种介绍给了世界，而李希霍芬则是首创了“丝绸之路”这一概念，他把中国的古老文化传播给了世界。

德国地理学家李希霍芬

李希霍芬是地理学界神一样的人物，在交通极为不便的19世纪六七十年代，他7次考察中国，足迹遍及当时18个行省当中的13个。

李希霍芬是德国地理、地质学家，历任柏林国际地理学会会长、柏林大学校长，曾长期在波恩和莱比锡大学担任地理学教授，一生出版了将近200部地质地理学著作，其中对中国的地质考察和研究是其重要的学术成果。

李希霍芬于1868年9月开始在中国进行了7次历时四4年之久的地理地质考察，对中国的山脉、气候、人口、经济、交通、矿产等进行了深入的调查研究，搜集了大量的经济军事情报，先后出版了五卷《中国——亲身旅行的成果和以之为依据的研究》，在欧洲地理学界引起了巨大反响，并且对中国造山运动所引起的构造变形进行了独到的研究。李希霍芬的研究成果对近代中国地质、地理学的产生和发展有着重大的影响，他还首创了“丝绸之路”这一名称。

李希霍芬第一次考察始于1868年11月12日，主要去了宁波、舟山群岛、杭州、太湖、镇江、南京一带。在宁波周边旅行时，李希霍芬手头没有一张正式的地图，却有一张传教图，李希霍芬之所以能顺利完成考察，实际上与当时西方在华传教士的协助指引有很大关系。但他发现传教图上的内容和实际情况根本不符，因此感慨：如果有传教士爱好并且有点地质学的本领就好了。

李希霍芬在给父母的家信中，谈及对传教士工作的看法，认为中国人因为长期受孔子思想和迷信思想的束缚，很难真正皈依基督教，所以传教士们的努力基本上是白费的。那些整日散播福音的传教士们如果帮中国人在畜牧业、林牧业和水果种植技术方面取得进步的话，说不定会取得更大的传教成绩。他对传教士们在中国的工作前景是持悲观态度的。在他看来：只有铁路和汽船才能真正改变中国的落后状态。

在阿尔芒·戴维离开成都后的第三年，李希霍芬的身影也出现在了成都街头，这是他在中国的第七次旅行考察，也是他准备离开中国前的最后一次考察。

“那里有一条远古就有的贸易大道，英国人很想探明它，以便从乘汽轮就能到达的八莫开辟一条印度产品和英国贸易通往中国的道路。如果我能够成功，就有理由期待所得到的结果与我所花的时间和精力成正比。”李希霍芬眼里的“贸易大道”，就是今天大名鼎鼎的“南方丝绸之路”。

李希霍芬的考察路线是：从北京到西安，经成都、雅安、西昌、大理，最终抵达腾冲，再折转贵州、重庆，乘船到上海，最终从上海返回德国。

由于成都的客栈不愿收留他，李希霍芬不得不住进巴黎外方传教会的传教站里。李希霍芬在中国考察期间，大多靠分布在中国各地的传教站协助完成。虽然他与阿尔芒·戴维未曾相遇，但他不仅知道阿尔芒·戴维，还知道他在生物学上的成就。虽然他们考察的目标不同，但也许他在暗中还曾与戴维较劲。

后来，在李希霍芬的书中，我们看到了阿尔芒·戴维和大熊猫的身影，他也把四川雅安美丽的山川写在了书中。

“雅安是座大城，因为经水路可达，所以它便成了一个尤为广大，尽管并非人口众多的贸易枢纽，西藏和建昌（今西昌）是经过这里供给物资的主要地区。”

然而，法国教会对待李希霍芬并不友好，李希霍芬只得提前离开了成都，前往朝雅安。没有教会“外援”的支持，李希霍芬一路上比阿尔芒·戴维艰难得多。

他在日记中感叹道："很羡慕遣使会的戴维神父，因为他能得到教会的支持，在成都往西的穆坪传教站获取了大量的动植物标本。就在3年前，戴维神父在此发现了后来闻名于世的大熊猫标本。戴维神父在穆坪时几乎不需要四处旅行，因为众多的基督徒会进山为他搜集东西。"

李希霍芬好不容易走过了今天雅安市荥经县，进入清溪县（今雅安市汉源县）地界，翻越大相岭时，遭到了过路官兵的敲诈勒索，他没有勇气再往前走了。

他一声叹息，只得沮丧地结束第七次旅行考察，最后取道乐山、宜宾、重庆，走水路到上海，踏上了回国的轮船。

虽然李希霍芬遗憾地离开了雅安，大批追随者却追逐着阿尔芒·戴维脚步来了。

## 追猎大熊猫的探险队

随着阿尔芒·戴维在中国的惊世发现和大熊猫标本在巴黎的展出，中国出现"冰川活化石"大猫熊的消息很快传遍了世界，引起国际生物学界的轰动，一股大熊猫热从巴黎开始，迅速蔓延到欧洲大地，一场席卷整个世界、持续时间长达70年之久的疯狂追逐由此开始，许多动物学家、探险家、旅行家、狩猎家纷纷进入中国，企图捕捉这种珍奇动物。

1891～1894年，俄国冒险家波丹和贝雷佐夫斯基在四川平武、松潘获得一张大熊猫皮。大约1900年，德国人在中国商人手中得到了一张大熊猫皮。1914年，德国生物学家沃尔特·斯托佐纳组织了一支探险队，到中国西南部进行野外考察，以创立赫尔果兰鸟类观测站闻名的生物学家雨果·韦哥尔德是这支考察队的一员。1916年，在今阿坝州汶川县，雨果·韦哥尔德从当地人手中买到了一只大熊猫幼仔，但没过多久它就死了。后来，第一次世界大战爆发，斯托佐纳探险队草草解散，搜寻大熊猫的工作也告一个段落。

雨果·韦哥尔德被认为是继阿尔芒·戴维之后第一个见到活体大熊猫的西方人，在此之前，美国植物学家恩斯特·韦尔森曾经在卧龙花了几个月时间寻找大熊猫，但除了粪便，什么也没找到。英国人的行动则更早一些，早在1897年，他们就在四川平武杨柳坝找到了一个雄体大熊猫的皮毛和骨头。

六七十年的时间过去了，无数的西方人来到这里，他们以穆坪为中心，四处寻找大熊猫，除了雨果·韦哥尔德见过活体大熊猫外，其他西方人没有一人见过活体大熊猫，甚至就连熊猫毛都没有捡到过一根。尽管如此，他们追寻大熊猫的热情一直高烧不退。

1929年初，又一群美国人来到雅安，他们的目标很明确，到穆坪猎杀大熊猫。

1928年底，美国前总统罗斯福的两个儿子小西奥多·罗斯福和克米特·罗斯福手持国民政府颁发的护照，在芝加哥“菲尔德自然历史博物馆”的资助下，组织“凯利－罗斯福－菲尔德博物馆探险队”，到中国狩猎大熊猫。他们经大西洋、印度洋，从缅甸进入中国境内。1929年初，他们从天全进入雅安境内，直奔宝兴，盘桓半个多月没有狩猎到大熊猫。

由英国生物学家、皇家地理学会会员赫伯特·斯蒂文斯率领的另一支狩猎队，也加入到“凯利－罗斯福－菲尔德博物馆探险队”中，他们一起从云南走到康定后，决定兵分两路，赫伯特·斯蒂文斯直接从康定经鱼通进

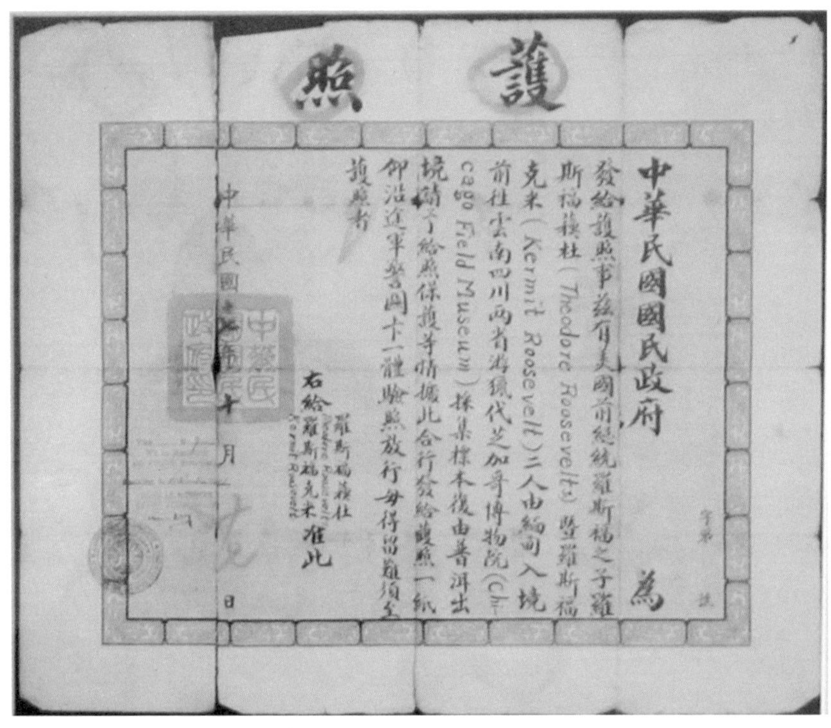

護照

中華民國國民政府　為

發給護照事茲有美國前總統羅斯福之子羅斯福蕤杜(Theodore Roosevelt)暨羅斯福克米(Kermit Roosevelt)二人由緬甸入境前往雲南四川兩省游獵代芝加哥博物院(Chicago Field Museum)採集標本復由普洱出境請予給照保護等情據此合行發給護照一紙仰沿途軍警團卡一體驗照放行毋得留難須至護照者

右給　羅斯福蕤杜 Theodore Roosevelt　羅斯福克米 Kermit Roosevelt　准此

中華民國　年　月　日

西奥多罗斯福入境猎杀大熊猫的护照

入宝兴县，目标也是大熊猫。

两支狩猎队在宝兴县的东河、西河交汇的两河口，完成了对宝兴的“包抄”，收集了大量的动植物标本，但都没有猎到大熊猫。

后来，罗斯福兄弟和赫伯特·斯蒂文斯分别撰写了《追踪大熊猫》和《经深幽峡谷走进康藏：一个自然科学家伊洛瓦底江到扬子江的游历》两本书。书中详尽描写了考察沿途各地奇特的自然风光、民风民情、地理概貌、动植物分布状况等，对我们了解当时中国西部四川、云南等地的社会、自然风貌具有重要的参考价值。

“我们询问了猎人关于狩猎的一些细节，尤其是大熊猫和羚牛的具体情

※ 西奥多·罗斯福（左）和克米特·罗斯福（右）在云南。

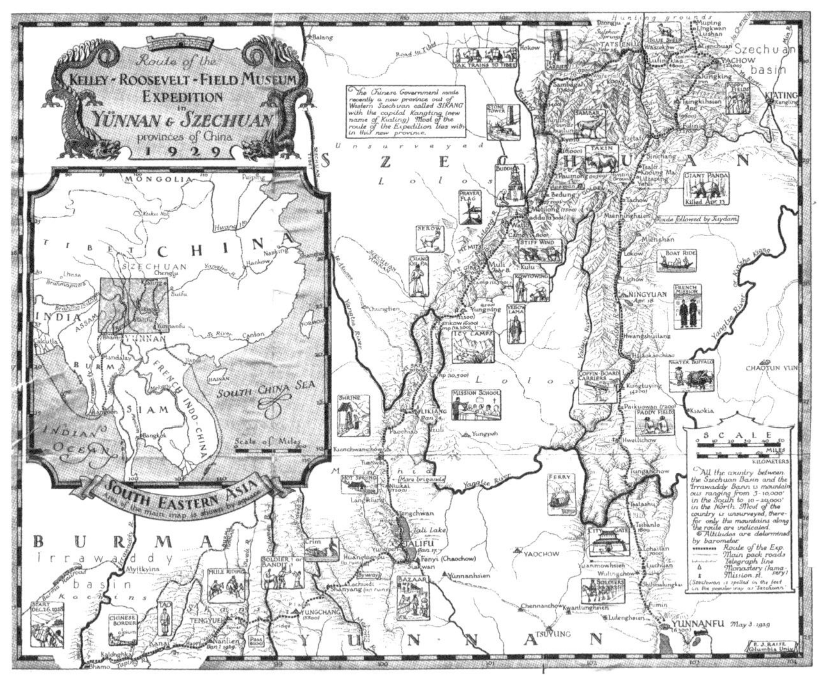


罗斯福兄弟猎杀大熊猫线路图

况。这13个人中只有三位曾猎杀到大熊猫，猎杀了两只。到目前为止，这里只有3只大熊猫被猎杀到了，有一只熊猫是在13年前被猎杀的，而其他人都没有见过大熊猫。

我们问是如何猎杀的，他们说靠猎狗去猎杀，大熊猫被赶到树上去了。虽然这个残酷的事实令我们相当沮丧，但猎人们却很有信心，我们也被感染了，期望好运的到来。

我们把话题转向了羚牛。刚开始时，在场的每一个人似乎每周都会出去一次，猎杀一些动物。然而，在我们仔细的追问下，却令人非常沮丧，他们之中不超过一半的人曾猎杀或看到过羚牛。后来，他们又告诉我们，要猎杀到羚牛，只有靠猎狗。”

从《追踪大熊猫》一书中，我们可以看到1929年穆坪，大熊猫对于靠山吃山的猎人来说，也是“惊鸿一瞥”，难得一见。

在大山中游荡了10多天，他们射杀了好几只金丝猴，大熊猫的踪迹也被他们发现了不少，却始终没有和大熊猫打过照面。

关于大熊猫的食性，过去人们一直认为它是吃素的，后来经过观察证实，它也吃肉，这说明它还保留着祖先吃肉的习性。因为在动物分类学上，大熊猫属于“哺乳纲、食肉目”的动物，至今它身体还保存着食肉目动物的特征。

大熊猫的犬齿较锋利，肠子也短，只有体长的 4~5 倍，而一般草食动物的肠子都很长，如鹿的肠子就是体长的 25 倍；它的胃也比草食动物的胃简单。它的消化系统消化以纤维为主的竹子是很困难的，但在长期生活中，大熊猫锻炼出一副强大的牙齿、牙床和结实的咀嚼肌肉。

由于大熊猫的消化系统不能消化纤维素，只能从汁水中吸收营养，为了维持身体的需要，它只能尽量多吃。一只大熊猫一天能吃掉竹笋约40公斤，或竹竿约20公斤。大熊猫吃得多，排便也多，全天粪便量约20公斤。吃了竹子之后就去喝水，大熊猫一直要喝到肚子胀得鼓鼓的才罢休。在动物中像大熊猫这样的大肚皮实在少见。

大熊猫还保留着老祖宗传下来的分散找食的习性。它们过着独栖生活，成为孤独的“流浪者”。大熊猫是像老虎一样“占山为王”的独居动物，每只成年大熊猫的“领地”大约在5~10平方公里，喜欢在水源的上游、有水有竹子的地方栖息。

试想，一只大熊猫生活一个山高林密、方圆5~10平方公里的地方，能让人一睹“芳容”，自然不容易。猎人没有见过大熊猫，是很正常的事。

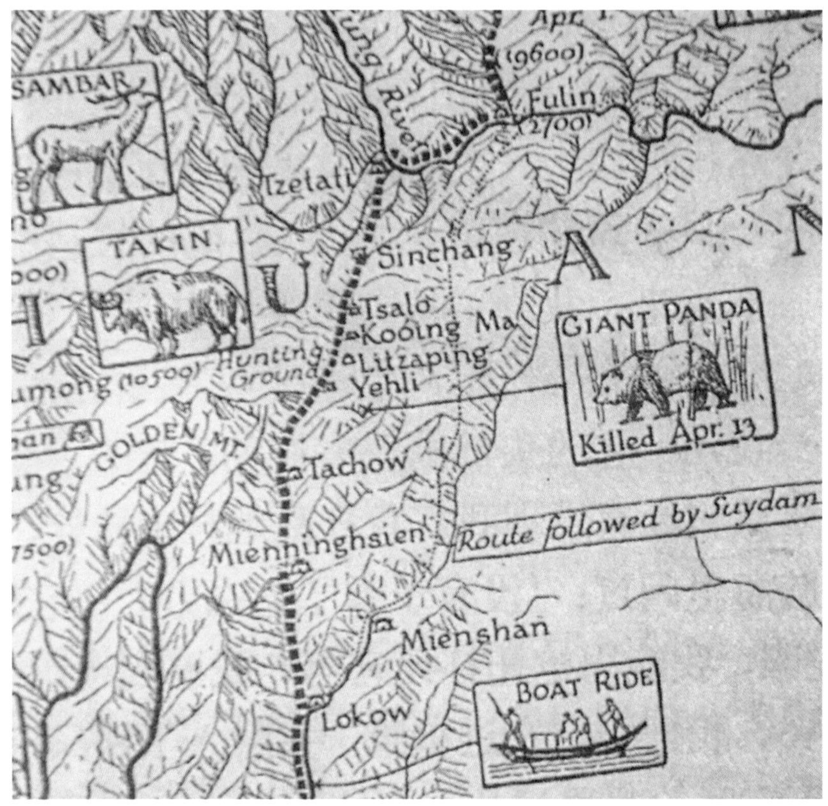


罗斯福兄弟猎杀熊猫的地址

离开穆坪时，罗斯福兄弟俩并不沮丧。虽然没有猎获到大熊猫，但他们仅用两样小玩意儿（一只机械打火机、一支打不响的手枪），就换取了当地猎人手中的两张大熊猫皮。

另一支由赫伯特·斯蒂文斯率领的队伍在当年9月份从康定经鱼通，到达穆坪。

“开始的几天里，如果上午乌云压境，下午天气通常会有所好转，但接着便会下起连绵细雨。村长是个寡妇，她向我们保证会弄到大熊猫。最后

✕ 20 世纪初，雅安至康定茶马古道上的背夫

达成决议，派出所有能出门的狗，跟猎人一起出发了，村长的大儿子和他的护卫队在一片铜钹和喜乐声中被送出了村子。

几天后，捕捉大熊猫的村民们回来了，但没有取得预计的成功，虽然他们在这之前对此非常乐观。没有找到任何大熊猫的行踪，却出现了食物短缺，我也决定此处不可久留。”

随后，赫伯特·斯蒂文斯也离开了穆坪。他取道芦山、雅安，最后在雅安乘坐竹筏到乐山，再经重庆、上海后，离开了中国。

与赫伯特·斯蒂文斯同行的还有一个大名鼎鼎的人物，他叫叶长青，英国人，英文名字J·A·Edgar，既是传流士，又是早期研究华西边疆的人类学家。这次考察后，他写了好几篇文章，《从打箭炉经鱼通进入穆坪》《造访穆坪——大熊猫之乡》等考察报告，是最早关注大熊猫栖息地的文章。

## “偷嘴”的大熊猫

罗斯福兄弟俩率领的“凯利—罗斯福—菲尔德博物馆探险队”在穆坪猎杀大熊猫未果，取道今雅安市芦山、雨城、荥经、汉源、石棉等县区，准备从凉山回到云南。没想到却在今石棉县擦罗乡，有一只大熊猫出现在他们眼前。这只“白熊”正在偷吃养蜂人家的蜂蜜。

“自从离开了穆坪之后，我们就没能获得有关这种野兽的即便是最含糊的消息，我们已几乎放弃了这片区域有白熊的希望。所以这件事当然需要去调查。证实了这条消息后，我们做了跟踪寻访它的安排。”

随后，他们发现了这只大熊猫的踪迹，持枪尾随而去。

大熊猫没有意识到危险已经降临，依然走得很悠闲，一路走一路吃着竹叶。它先沿着湍流多石的河床走了一会儿，接着又爬上一个陡坡。追踪大熊猫两个半小时后，他们来到一个更开阔的丛林。这只大熊猫更关注的是自己的食物，在一棵树下，它还用竹枝和竹叶给自己做了个窝。

罗斯福兄弟后来回忆说：“云杉树的树干被挖空了，从那儿露出白熊的头和它的前半身。它一面向前闲散地走着，一面困倦地东看西看。看上去，它的个头很大。它像是在梦中的动物，因为我们已经没抱任何见到大熊猫的希望了，即便是那么一点点。可现在它出现了，它显得出人意料的大，它白色的头上戴着黑色的眼圈，身上是黑色的护肩及鞍状的白色背脊及腹部。

大熊猫睡得迷迷糊糊，还没真正醒来，徐徐地走进竹林。要是被吓到，它会像烟雾一样消失在丛林中。我俩同时向正在消失的大熊猫的轮廓开了枪。两枪都打中了。因为不知道自己的敌人在哪儿，它向我们走来，挣扎着穿过我们左边凹地上吹积形成的那堆雪。”

× 罗斯福兄弟与猎杀的大熊猫

按照事先商量好的方式，罗斯福兄弟再次向大熊猫开枪。它倒下了，但又恢复了知觉，然后穿过浓密的竹林逃走了。他们一路追踪，获得了这只极好的雄性大熊猫。

这是西方人在中国狩猎的首只大熊猫，后被送到美国芝加哥自然历史博物馆。人们将这只熊猫标本连同其他熊猫标本组合起来，生动地再现了熊猫们在竹林中生活的场面。

罗斯福兄弟回到美国后不久，开始撰写《追踪大熊猫》，讲述了他们在中国亲手射杀大熊猫的经历。

这本书在西方影响很大，震惊了西方世界，激起了许多西方人亲手猎取大熊猫的强烈兴趣，此后不少探险家都来到了这一地区，目标只有一个：猎杀大熊猫。

近百年时间过去了，罗斯福兄弟在栗子坪、冶勒猎杀大熊猫的枪声早已远去。现在的栗子坪自然保护区天蓝水碧，俨然一个茂林修竹的大熊猫乐园。当年他们猎杀大熊猫的地方，如今已成为中国国家级自然保护区，栗子坪还成为全球唯一的大熊猫放归之地，先后有 11 只人工圈养的大熊猫在这里放归。

在拖乌山北坡栗子坪放归的大熊猫“张想”，还跑到了拖乌山南坡的冶勒“串门”寻亲，猎杀大熊猫的悲剧将不再重演。

PART 03

# 漂洋过海的大熊猫和它们的捕获者

如果能捉到一只大熊猫，全世界所有的动物园都会争先恐后地派人敲响你的大门，愿意花大价钱得到它。如果捕猎者希望得到现金，他们就必须下手快一点。因为只有捉到第一只活着的大熊猫的人，才能得到一笔数额巨大的奖金。

## 大熊猫才是我最想得到的

1928年，当小西奥多・罗斯福和克米特・罗斯福宣布，在凯利—罗斯福—费尔德博物馆联合探险队去中南半岛和华西探险的第一目标是要射杀一只大熊猫时，全世界都沸腾了，且都期盼着他们的成功。

世界之所以如此兴奋，也是因为尽管从首次发现大熊猫到现在已经有50多年了，但是人们对于大熊猫的习性以及它在其栖息地的生活方式仍然一无所知。

后来，随着小西奥多・罗斯福和特米克・罗斯福的两声枪响，一只大熊猫轰然倒地，罗斯福兄弟合力射杀了一只健康的成年大熊猫，并将这只熊猫就地做成标本，送进了芝加哥自然历史博物馆。

这一成功猎杀，让大熊猫从“传说”变成了“现实”，并点燃了美国年轻一代的梦想，使他们立志要成为一名探险家。因此，在接下来的10年间，许多人组织探险队，怀揣着同样的目的，到罗斯福兄弟曾考察过的地区进行探险。

《中国杂志》1930年12月一篇《史密斯再次在华考察队》的文章记录着：“史密斯先生是一名探险家，他几年前曾在中国科学艺术协会的资助下，进入福建中部地区开展科学探险考察。最近，他在华组织了第二支考察队，准备先去考察广东和四川的荒野地区，随后再去新疆地区探险。”

1882年出生在日本的史密斯是英国人，父母都是传教士，1882年出生在日本。他原来从事的银行业和商业，后来迷上了探险，先后为欧美动物园收集了7000多件标本，但这些标本都不是稀奇的东西，他几乎没有赚到钱。在动物园的“点拨”下，史密斯的目标直指大熊猫。

他给他的资助者，也是他的姐姐写信说：“大熊猫才是我最想得到的东西。”

从20世纪20年代起，他一次又一次地往穆坪跑，在穆坪、汶川等地建立考察营地。虽然没有见过一只活体大熊猫，收获却也不少。他的手下也曾猎杀过大熊猫。

《中国杂志》曾报道史密斯在穆坪的活动：“他的探险中将会有几名中国人陪同。我们认为史密斯所同意的条款还包括，所有捕获的动物标本都必须分一半给国民政府，甚至单一的动物物种标本也要分一半给政府。”

1931年10月，史密斯离开上海，前往四川开始第二次动物学考察。1932年2月中旬他返回上海，并带回来了此次考察所收集的哺乳动物的标本和各种鸟类的皮肤。史密斯先生这次也再一次造访了雅州和穆坪，捕获了许多动物标本，最重要的是他得到了一套完整的熊猫皮和骨头标本。

史密斯先生曾在穆坪一带捕捉到了小熊猫，两只活体小熊猫被他带到了上海，在兆丰公园动物园（今上海中山公园）进行展出，展出一年后送到了美国。

然而史密斯十余年的奔波，依然没有捕捉到过一只大熊猫，只得靠着亲友的接济勉强维持生计。

1935年1月，美国探险家威廉·哈维斯特·小哈克内斯抵达上海，目标明确，那就是捕捉大熊猫。

在上海，他认识了史密斯。史密斯在穆坪建立了营地，但手中无钱，根本出不了门。而威廉手中有钱，却无签证，寸步难行。两人决定合作。

1936年7月，两人坐船经长江到了四川省乐山县（今乐山市），准备从乐山到雅安，再进入穆坪捕捉大熊猫。由于没有探险许可证，他们被阻挡在路上。9月，他们又回到了上海。在等待探险许可证签发的过程中，威廉旧病复发。1936年2月19日，一个萧瑟冬天的晚上，在远离霓虹灯和喧嚣爵士乐的上海郊区，在痛苦的煎熬中，威廉孤独地死在一家私人医院中，终年34岁。

## 改变大熊猫历史的美国人

此时，在太平洋彼岸，威廉的妻子露丝正走进一家咖啡馆，和朋友们聚会，等待着丈夫凯旋。凌晨回到家，露丝接到了丈夫死亡的消息。

露丝在得到丈夫留给她的两万多美元的遗产后，决定前往中国，帮丈夫完成遗愿。

露丝是一个有名的服装设计师，经常出现在上流社会，与各界名流打交道。为了圆丈夫的梦想，她放弃了自己的事业，于1936年4月17日只身登上到中国的客轮，开始了她在中国的大熊猫探险之旅。亲人都觉得她疯了。

然而谁也想不到的是，露丝的出现，从此改变了大熊猫的历史，也让大熊猫的族谱有了划时代的“第一只”。

露丝大熊猫探险之旅的合作对象，首选的依然是史密斯。但几个月后，露丝不再与史密斯合作，因为她发现史密斯缺乏组织能力，不能确定工作方向，总是夸夸其谈，在四川寻找大熊猫10多年，竟然一无所获。她不想把时间和精力花在他的身上。这时，美籍华人探险家杨杰克走到了她的身边。

杨杰克主动给露丝打电话，随后拜访了她，称可以帮助她捕捉到大熊猫，并将他弟弟杨昆廷推荐给了她。看着儒雅而又羞涩的小伙子，露丝欣然同意杨昆廷加入到她的团队中。除了帮助露丝捕捉大熊猫外，杨昆廷还有一个任务，他要为南京中央研究院射杀一只大熊猫做标本。

1936年9月27日，露丝在杨昆廷的陪同下，正式启动在中国捕捉大熊猫的计划。探险队从上海坐船向四川出发。在杨昆廷的建议下，他们捕捉大熊猫的地方定在了雅安境内。

雅安在成都的西南方向，到了雅安，有两个地方可去捕捉大熊猫，除了往北前往穆坪外，还可往南到栗子坪，那里正是当年杨昆廷的胞兄杨杰克陪同罗斯福兄弟俩射杀大熊猫的地方。

然而，从成都到雅安，每天只有一趟班车，而露丝雇用的民工有16

人，加上她随身携带的30件的行李，根本没有办法搭班车从成都前往雅安。最后，她决定去与穆坪一山之隔的瓦苏地区（即今天的汶川县）碰碰运气。那里曾出现过大熊猫，也有人收购过大熊猫皮毛。

10月20日上午8点，露丝坐着滑竿向汶川进发，边走边招募猎人，走到计划捕捉大熊猫的营地时，这只探险队伍的人数已达到了23人。他们把人分成三组，建立三个营地，分兵把守。11月4日，露丝到达由她负责的一号营地，开始了大熊猫的捕捉工作。

11月9日凌晨6点，露丝开始了一天的工作。他们已到这里好几天了，白天都在森林和竹林穿行，寻找大熊猫的踪迹。晚上，露丝会用随身携带的机械打字机写日记。

虽然探险队手中有猎枪，但露丝不允许他们开枪射杀大熊猫，只能设陷阱捕捉。因为她“无法承受射杀一只大熊猫之后带来的心灵痛楚”。

这天上午，他们正艰难地行走在崇山峻岭间，突然传来一阵奇怪的叫声。

“这是什么声音？”露丝有些疑惑。

“小白熊的声音！”

猎人叫了起来。

他们循着声音的方向跑过去，最终在一棵中空的树洞里发现了一只大熊猫幼仔。杨昆廷从树洞里面捧出了一只温乎乎、毛茸茸的小东西，确定这就是他们费尽千辛万苦寻找的宝贝——大熊猫。

当露丝把这个小家伙抱在怀里的时候，简直不敢相信，这个不到三磅重，还没有睁开眼睛的小东西，就是在西方流传了半个多世纪，丈夫拼了命也没能一睹真容的神秘动物。

后来，露丝描绘了自己那一刻的心情：“没有任何童话比这幕情形更具

※ 露丝·哈克尼斯

梦幻色彩，没有任何虚拟昏暗迷宫比这幕情形更令人不知所措。”

露丝望着蜷缩在杨昆廷腿上的大熊猫幼仔，心中五味杂陈，因为在它的身上披着杨杰克未婚妻苏琳赠送给她的羊毛外套，露丝为这只大熊猫取名“苏琳”。在露丝看来，如果没有杨杰克、杨昆廷兄弟俩的帮助，她不可能如此顺利地捕捉到大熊猫。

此前，露丝还在担心，即使找到了大熊猫，又该如何带着这种体态肥胖的动物旅行？成年大熊猫的体重可达400磅（约合180公斤）。当时，她“希望找到一只婴儿熊猫……为它准备好了奶瓶、橡胶奶嘴和牛奶。”

没想到，他们捕捉的正好是一只大熊猫幼仔，露丝准备的奶瓶、奶嘴和牛奶刚好派上了用场。

走出丛林的旅途与进山的路一样漫长而艰难，露丝努力让熊猫幼仔活下去。她每隔几个小时就给熊猫宝宝喂一次奶，将皮毛之类的东西围在“苏琳”身边，让它睡得舒适。在返回的路上，她雇用了几名苦力，任务只有一个：轮流提着“苏琳”睡觉的篮子。

**大熊猫幼仔为什么那么小？**

大熊猫和亚洲黑熊的体型是一样大的，都差不多在150公斤左右，最大的大熊猫可以长到180公斤，但是大熊猫生出来的幼崽却比黑熊生出来的幼崽小得多，刚生下的幼仔重量只有150克左右，相当于妈妈体重的1‰。

1963年9月，当世界上首例人工繁育的大熊猫诞生时，大家都以为是流产了。之所以大熊猫幼仔那么小，科学家告诉我们，一是和它的进化有关，大熊猫是原始的哺乳动物，800万年来生育方式没有发生什么变化。二是体内的胎儿着床时间晚，吸取的营养不够就被生下来了，靠喂奶的方式存活。

## 不准大熊猫离开中国

露丝随身带有一台机械打字机，只要一有空，她就会敲击打字机，详细地记录下她与大熊猫的点点滴滴。在她的笔下，自己是第一个跟大熊猫共眠的女性，杨昆廷是第一个喂养大熊猫的中国人……类似的“第一”还有很多。

露丝眼中的“第一”大多过于琐碎，最终成了笑谈。但作为送到西方国家去的活体大熊猫，她永远占据了“第一”的位置；另外，作为科学家研究的首只活体大熊猫，更显得弥足珍贵，以致在后来中国历年编写的“大熊猫族谱”中，排在第一位的永远是露丝送到美国去的这只大熊猫“苏琳”。

就在露丝带着大熊猫从成都飞往上海的途中，一条由美联社记者采写的新闻稿正向全球播发：

“成都·四川省·中国，11月17日：一位出生于纽约的美国探险家露丝今天从川藏边界携带一只活熊猫抵达上海。熊猫是一种稀有的、外貌像熊的动物。据悉，这是在亚洲这一地区捕获的第一只活熊猫。一位中国探险家陪伴着露丝，在川藏边界进行了这次艰难的旅行。”

露丝还没有到上海，全世界的人都知道露丝捉到了一只活体大熊猫。当他们到达上海后，大熊猫“苏琳”成为上海滩的“超级明星”。但是能否把大熊猫顺利带走，露丝一直忐忑不安，因为她到中国探险，并没有申请过科学探险许可文件，自然就没有能让大熊猫出境的许可证。一旦被海关查获，自己几个月来的努力全付之东流。她央求好友，让新闻界不要报道，她打算不声不响地就把大熊猫带出境。哪曾想，露丝还没有下飞机，她捕捉到大熊猫的消息已传遍了全世界。

到达上海后，露丝悄悄地买了张11月28日上午7时从上海启航到美国的船票。28日子夜刚过，露丝就到了码头，行李提前就送了过来，她只拎着一只柳条筐。就在摆渡船要出发时，中国海关人员走到她的身边要求检查。掀开了柳条筐上的毛巾，海关人员发现大熊猫正躺在里面酣睡。就这样，露丝和大熊猫被扣留下来。原来，从露丝带着大熊猫回到上海的那一刻起，一场围绕大熊猫“去”和“留”的无声战斗已经打响。

迫于西方国家的压力，当时的政府最终妥协放行。几天后，露丝得到通知，允许她在12月2日搭乘“麦金利总统号”船返回美国，但要为“苏琳”办理一份健康证明，并缴纳大熊猫价值5%的罚金（2000墨西哥币，当时市场上流通的货币，折合不到50美元——笔者注）。海关给露丝提供了一张收据：“狗一只，价值20美元。”

但尽管如此，直到最后一刻，南京中国研究院和海关一直没有放弃抗争，他们希望把大熊猫留在中国。

露丝上了船，依然焦虑万分。她知道，只要轮船没有开动，海关人员随时都可能再次扣押大熊猫。果然，就在客船就要出发的前一刻钟，一名海关人员径直走到她的身边，要求露丝出示出境许可证明。正在双方僵持不下时，上级通知放行，海关人员这才很不甘心地离开。

而就在露丝在海上航行的时候，杨昆廷在汶川射杀了两只大熊猫，并将大熊猫带到了上海。

露丝和大熊猫“苏琳”经过10多天的漫漫航行，12月18日抵达美国旧金山，22日到达芝加哥，在圣诞节到来的前夜终于到了纽约。

圣诞节当晚，纽约探险俱乐部热闹非凡，平日只让男士参加活动的俱乐部终于向一位女性打开了大门。因为她完成了很多男人梦寐以求的探险狩猎活动，捕捉到了一只大熊猫。

当露丝和大熊猫“苏琳”走进俱乐部大门的那一刻，整个俱乐部顿时沸腾起来，大家不约而同地跑过去，争相观赏大熊猫。纽约的社会名流也纷纷前来探望大熊猫“苏琳”，并向露丝致敬，其中就有罗斯福的两个儿子小西奥多·罗斯福和克米特·罗斯福。

小西奥多·罗斯福抚摸着毛茸茸的大熊猫“苏琳”，“苏琳”像温顺的婴儿眨着黑漆漆的眼睛，安静地看着身边的陌生人，不时还张开小嘴，露出刚长出的一颗牙齿，十分惹人怜爱。

当记者问小西奥多·罗斯福怀抱大熊猫“苏琳”的感觉时，他沉默了好一会儿，才回答道：“如果要把这个小家伙当作我枪下的纪念品，那我宁愿用我的小儿子来代替！”

纽约动物学会下属的布朗克斯动物园把大熊猫弓形腿和脚趾内翻的特征当成了佝偻病的表现，拒绝以2万美元的价格买下“苏琳”。

1937年1月，“苏琳”落户到芝加哥的布鲁克菲尔德动物园，2月18日，望眼欲穿的公众见到了传说中的大熊猫。

露丝从这笔交易中得到了8750美元，虽然远远低于预期，但已足够让她的另一次搜索大熊猫之旅成行。

而自从大熊猫“苏琳”在美国大出风头以后，大熊猫成了摇钱树，更多的狩猎者、探险者来到中国，渴望能捕获到大熊猫，从而一夜暴富。仅1936年到1941年间，美国就从中国弄走了9只大熊猫。

## 史密斯终成“熊猫王”

随着露丝的成功,《中国杂志》对史密斯的报道几乎没有了，而对露丝和大熊猫“苏琳”的报道不仅多了起来，而且还给予了极高的评价：“中国乃至世界动物学探险编年史上，这是一次史诗般的事件！”

史密斯在穆坪等地的丛林中穿行了10多年，却没有捕捉到一只活体大熊猫，而初出茅庐的露丝首次进山就满载而归，以致媒体这样评价：

“史密斯15年的猎杀，敌不过弱女子的一次出手！”

史密斯气急败坏，他先是召开记者招待会，编造谎言，说露丝在汶川草坡捕捉的那只大熊猫本该属于他，他早就发现这只怀孕的大熊猫待在树洞里等待产仔，他要等待它产仔后才去捕捉。而露丝买通了当地人，先行一步，抄了他的“老窝”，把大熊猫幼仔“偷走”了。

史密斯发现公开诋毁露丝没有奏效后，又开始对大熊猫进行疯狂捕捉，他发誓：“我要捕捉更多的大熊猫来震惊世界，看谁才是真正的熊猫王！”

在随后的两年时间里，史密斯先后在汶川一带捕捉和收购了12只大熊猫。此时，史密斯已患病多年，早已不适合野外工作了。但他什么也不顾，眼中只有大熊猫。

有4只还没有运送到成都就死了。8只大熊猫送到了成都，在华西协和大学生活了一段时间后，史密斯计划把大熊猫运到英国去。

1938年10月，史密斯带着8只大熊猫和金丝猴、岩羊等动物离开了成都。此时，日本已全面侵略中国，从成都到上海的路已被日军切断，史密斯只能选择陆路前往香港。

史密斯患上了严重的肺结核，肺部被切掉了一部分，经不起长途颠

史密斯和他捕获的大熊猫

簸，无力把大熊猫送到香港。最终的解决办法是，史密斯坐飞机到香港疗养，由他的夫人押运大熊猫从陆路到香港会合。

大熊猫经贵州、湖南、广东后到达香港。在路上还遭遇到车祸，有两只大熊猫逃跑了。经过三周的跋涉，大熊猫终于被送到了香港。在登船时，大熊猫又死了一只。5只大熊猫登上船只驶向英国。经过三个多月的航程，在大雪纷飞的圣诞夜，史密斯和他的大熊猫到了伦敦。

此时，史密斯只剩下最后一口气了，当伦敦动物园的工作人员上船接收大熊猫时，史密斯呆坐在甲板上，怀里还抱着金丝猴，已经站不起来。

几个月后，57岁的史密斯在美国的家中撒手归西，从此告别了“黑白分明”的大熊猫和“是非不清”的大熊猫江湖。

## 熊猫夫人露丝·哈克尼斯

大熊猫“苏琳”在美国生活了一年多后，于1938年4月1日因误吞了一根棍子，咽喉感染患上肺炎而死亡。“苏琳”去世后被制成标本，至今依然陈列在芝加哥自然历史博物馆里。

由于当时人们对大熊猫了解甚少，动物园竟然用煮熟的白菜和胡萝卜喂养“苏琳”，更可笑的是这只一直被认为是雌性的大熊猫，死后一年经科学家解剖才发现，其实是一只雄性大熊猫。

露丝以捕捉大熊猫的过程为素材，曾创作了两本书，一本是《淑女与熊猫》，另一本是《大熊猫宝宝》。在书中她写道：“熊猫没有历史，只有过去。它来自另一个时代，与我们短暂的交汇。我们深入丛林追踪它的那些年，得窥它遗世独立的生活方式。本书就是那段短暂光阴的实录，而非回忆。”

“苏琳”死后，露丝曾两度到中国寻找大熊猫。为了证明不需要杨昆廷的帮助也能找到大熊猫，1937年12月，露丝在成都从猎人手中买了一只大熊猫，为它取名“美美”。1938年将其运至布鲁克菲尔德动物园，和大熊猫“苏琳”为伴，动物园本想让这两只熊猫交配产子，但“苏琳”在1938年4月不幸死于肺炎，美美则一直活到1942年，死后解剖才发现，它和“苏琳”一样是雄性，虽然拥有小姑娘的名字，但却是不折不扣的“男子汉”。

露丝在美国展出苏琳

1938年，露丝再一次来到四川。此时，史密斯已高价收购了几只大熊猫。当她看到史密斯所圈养的大熊猫的惨状时，她写信给朋友："他把它们养在脏兮兮的小笼子里，任由烈日暴晒，没有遮蔽，没有自由活动空间。他只专门大批捕猎熊猫，完全不顾它们的死活。"

作为第一位将活体大熊猫运到西方的女性探险家，在与大熊猫"苏琳"朝夕相处中，露丝对大熊猫产生了深厚的感情，她开始思考自己跑到中国来捕捉大熊猫，到底是对还是错，她感觉到被捕获的大熊猫命运堪忧。

在杨昆廷的帮助下，露丝又得到了一只成年大熊猫和一只大熊猫幼崽。野生成年大熊猫显然不像当初的“苏琳”那样好对付，它不停地撞击笼子，并且不吃不喝，很快奄奄一息。

一天晚上，突然发狂的大熊猫挣脱笼子，向森林逃去。因为担心大熊猫在野外伤人，杨昆廷、露丝一路追了过去。最后在暴风雨中，杨昆廷开枪将大熊猫射杀。看着大熊猫倒在自己面前，露丝十分伤心。“再也不能让大熊猫受到伤害了！”

于是，露丝护送另外一只幼年大熊猫回到山林，让它重归自由。她在放归地守候了好几天，确定它不会再回来，也没有人上山捕捉它，这才离去。

后来，露丝在日记中写道：“这只白黑半白的毛球小子只回头看了文明世界一眼，然后就拔足狂奔，好像地狱所有的鬼魅都在追着它。”

将大熊猫放归后，露丝完成了她的自我救赎，从此再也没有到过中国。露丝生命中的最后岁月是在孤独和潦倒中度过的。她在探险中用尽了丈夫留下的遗产，所幸出版的《淑女和熊猫》《大熊猫宝宝》两本畅销书勉强能支撑起自己的生活。1947年，露丝在匹兹堡一家旅馆去世，年仅46岁。

1997年，人们在宾夕法尼亚州一个公墓发现了露丝的墓，为她立了一块碑，上写“熊猫夫人露丝·哈克尼斯”。

PART 04

# 大熊猫的保护与研究

尊敬的苏柯仁先生：

赫伯特·斯蒂文斯和我一同从打箭炉出发，刚刚才抵达了穆坪土司。我们行走了33天，穿过了一些地球上最难翻越的地区。现在，我们到了真正的熊猫之乡，但是斯蒂芬却没带枪，我们也无法射杀熊猫。我们发现了几个熊猫最可能出现的地方，而当地人都说那几个地方熊猫数量多，且数量上远超罗斯福探险队曾搜寻的地方。罗斯福目前离我们距离较远，他去了最有可能出现熊猫的深谷和森林地区。

熊猫的中文名字是"白熊"，但这个名字很可能是古时候熊猫名字的变形。在《禹贡》中，我们知道熊是在梁州上贡的贡品之中的，而当时在梁州就有很多"熊，熊猫和狐狸"。

我们并没有把熊猫和西藏灰熊、长吻松鼠相混淆。史蒂芬去博物馆参观熊猫后，将这三种动物分别比作"父亲"，"当前状态"和成年的"幼崽"，这十分有趣。

赫伯特·斯蒂文斯将在上海短暂地待一段时间，并打算拜访您。他也会向你报告一些关于穆坪地区的动物群和植物群的信息，虽然60年前戴维神父也在此地进行了长达8到9个月的考察，并认为此地动物群植物群资源丰富，但是我们的报告可能会让您很失望。

敬启

叶长青1929年9月21日于雅州

1929年《中国杂志》11月号，以《穆坪：大熊猫栖息地》为题刊发了这封信。在这封信的前面，苏柯仁还加了一段话：

“穆坪地区是著名的基督教传教士兼博物学家阿尔芒·戴维的动植物标本收集地之一，所以一直都倍受博物学家们的关注。而在《中国杂志》1926年10月那期中，我们也报道了西藏边境资深传教士叶长青先生对穆坪

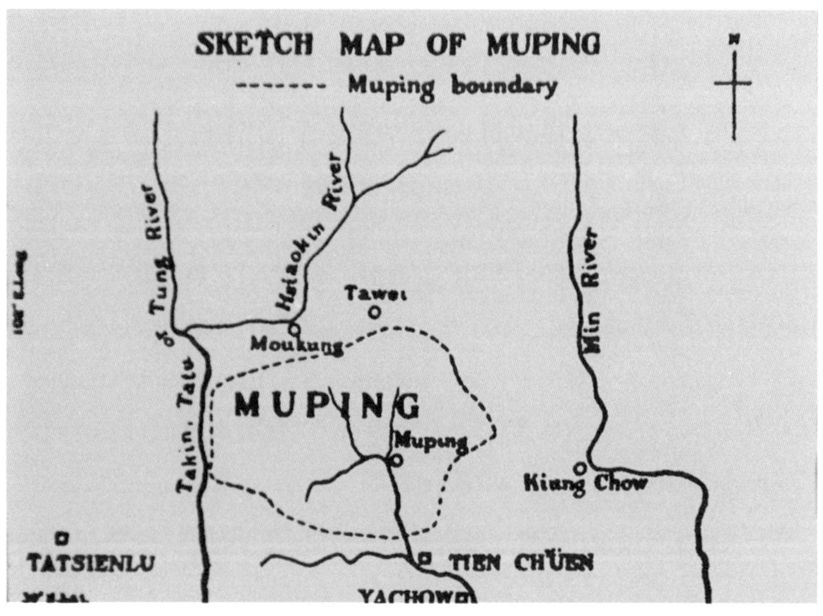


※ 这张地图草图向人们展示出了穆坪土司的具体位置，它位于成都和打箭炉之间，前者是四川首府，而后者为西藏边境著名的贸易中心。（已故的叶长青博士所绘制）

地区的叙述。

首只大熊猫的标本是由戴维在穆坪获得的，而那以后的60年内，大熊猫对于科学家们来说都一直是一个谜。叶长青先生在地图上标记出了穆坪地区的位置，因此未来的博物学家也能根据他的信息认识到穆坪地区的位置。

关于这点，叶长青先生给我们写了封信，他目前正和赫伯特·斯蒂文斯先生一同寻找熊猫的线索。赫伯特·斯蒂文斯先生曾加入罗斯福兄弟探险队，一同追寻大熊猫。队伍离开后（他们到康定探险队分成了两支队伍），赫伯特·斯蒂文斯决定留下来继续进行样本收集。下面就是这封信的内容，其中就有一则关于大熊猫的记录。”

## 将大熊猫热推向世界的《中国杂志》

苏柯仁是一位在中国传教的英国传教士苏道味的儿子，出生于山西太原，在中国度过童年，回到英国接受高中、大学教育，最后重返中国。他20世纪20年代定居上海。1923年，苏柯仁联合著名汉学家福开森在上海创办《中国杂志》（后改名《中国科学美术杂志》），1941年停办，19年间共出版35卷214期，影响遍及海内外，深受欧美汉学界关注，被学界形容为“包罗万象的中国人文和自然资料宝库”。

叶长青是英国人，不仅是传教士，还是华西协合大学的教授。他常年游走在成都和打箭炉之间，既研究藏学，又考察地理，经他发起，华西协合大学成立了华西边疆研究会，创办会刊《华西边疆研究会》杂志，他撰

满载而归的西方探险狩猎家在雅安准备坐竹筏到乐山

写并发表了大量的学术文章，并成为《中国科学》的主要撰稿人。这篇文章同时在《华西边疆研究会》杂志上发表。

叶长青曾加入赫伯特·斯蒂文斯率领的另一支狩猎队，成为“凯利-罗斯福-菲尔德博物馆探险队”的一员。他们从打箭炉走到了穆坪，也没有猎杀到大熊猫。

在雅州（今四川省雅安雅安市）与赫伯特·斯蒂文斯分手后，叶长青留在雅安休整。休整期间，他除了写这封信外，还撰写了《自打箭炉经鱼通至穆坪》的考察报告，再次提出了“大熊猫栖息地”这一概念。

他首次提出“大熊猫栖息地”概念，是在1926年撰写的一篇文章《穆坪：大熊猫之乡》，发表在《中国杂志》1926年10月号，并绘制了穆坪在四川的具体地理位置的示意图：“它位于西藏边境商业重镇康定的东北方向，在四川首府成都与康定之间。由于穆坪地区多山，且位于西藏和四川之间的偏远地点，所以野生动物能够大量繁殖，避免了灭绝的命运。穆坪地区的位置在地图上辨别起来并不难，南起天全北部，东至小金(达维)向东20里处，西至大渡河。”

叶长青还呼吁：“希望博物学家不要浪费时间了，马上动身去穆坪地区去收集动物和鸟类标本，以便弄明白这些动物在中国系统动物学中所处的位置。”

纵观《中国杂志》，里面有很多报道大熊猫的文章，最早的是在1924年5月号刊登的叶长青的札记《西康的大熊猫和野狗》。

1928 年，当苏柯仁获悉一支为芝加哥菲尔德博物馆收集藏品的探险队，由小西奥多·罗斯福和克米特·罗斯福兄弟率领，将到四川捕捉大熊猫时，随即在《中国杂志》1928 年 12 月号上作了预告。

1929年8月号，苏柯仁以《罗斯福考察队在华西》为题报道了罗斯福兄弟在四川捕捉、解剖一只大熊猫的全过程。

1929年9月号，又报道了考察队回到上海时苏柯仁对他们的采访，小西奥多·罗斯福提到他们得到了天主教、内地会、浸礼会和四川、云南地方政府的帮助，暗示此行是在政府监管之下合法进行的。

1930年7月号，苏柯仁刊发了自己撰写的《罗斯福考察队追寻大熊猫》一文，记录了他们在四川一个叫“Yehli”（即今凉山州冕宁县冶勒乡——笔者注）的地方捕猎到一只大熊猫。这次探险惊动了美国和世界，令大熊猫的名声更大。

20世纪30年代，“大熊猫热”在西方世界各大城市兴起，一睹大熊猫芳容，成为每个城市的奢望，大熊猫的捕捉、运输和买卖持续不断，《中国杂志》跟踪报道，发表了与大熊猫相关的文章多达100余篇，从物种的发现，再到对它的追寻；从对它的猎杀，再到对它的保护……林林总总，洋洋大观，可算得上一部“大熊猫的百科全书”。

## 保护大熊猫的呐喊

当苏柯仁得知大熊猫离开中国会受到阻挠时，他认为“探险队来中国考察是为了获得动物标本和其他的标本，并不会对中国造成任何伤害；相反，中国还会因这些新获知识而受益。”苏柯仁不仅鼓动科学家、探险家到穆坪一带狩猎大熊猫，他自己也参与其中。他曾到了陕西秦岭一带追踪大熊猫。

然而，随着国际社会“大熊猫热”导致的过度捕杀和日益猖獗的熊猫走私行为，他又不安起来，担心这一珍稀物种毁于过度捕杀，于是又开始呼吁：“禁止捕猎更多大熊猫！”

1938年12月，苏柯仁向国民政府提出建议，严格禁止国际社会到川康地区捕捉大熊猫：“大熊猫是稀有动物，不堪长期遭受这种虐待。因此，我们恳求中国政府介入，在还来得及的时候，尽快挽救大熊猫，不要让它们灭绝。”

《申报》1939年4月26日刊发文章《外国人不得擅捕小熊猫》：“今日中国政府通告外国外交人员称，此后外国人士不得擅自在中国任意捕捉小熊猫。按中国政府之所以有

野生大熊猫的能活多久?

从大熊猫谱系来看，目前超过30岁的圈养大熊猫已经很多了，除大熊猫“佳佳”“巴斯”“盼盼”都活到过30岁，大熊猫“都都”活到37岁，旅居海外的大熊猫“宝宝”也活到34岁。圈养的大熊猫一般比野生大熊猫长寿。大熊猫是否衰老的标志是牙齿，野外大熊猫在20岁左右，就算高寿了。因为长年吃竹子，牙齿磨损严重，慢慢就被磨平，吃不动竹子了，而大熊猫的主要食物就是竹子。判断大熊猫年龄的主要依据也是看牙齿。从收集到的大熊猫牙齿标本分析，野外大熊猫的最高年龄在25岁左右。

人工圈养大熊猫长寿是人为干预的结果，有营养丰富的食物，有良好的医疗条件，大熊猫的寿命自然会增加。

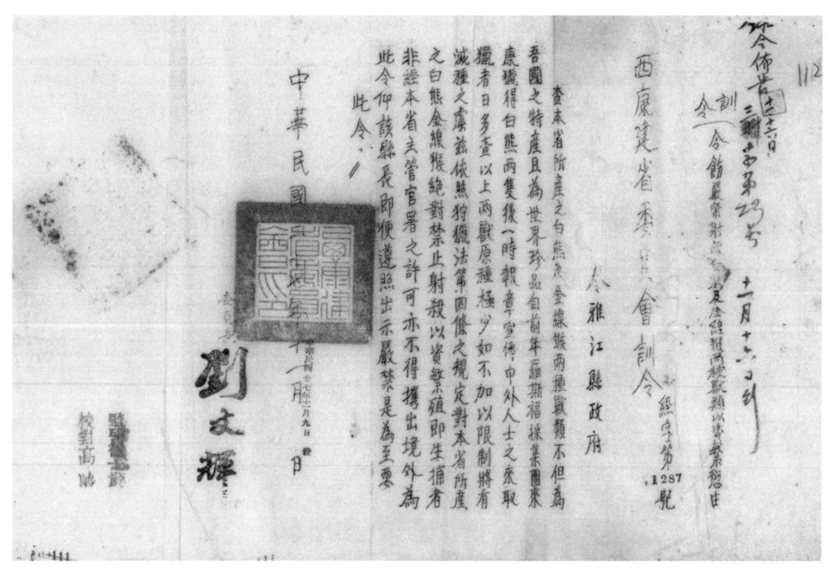
西康建省委員會訓令 經字第1287號

令雅江縣政府

查本省所産之白熊及金線猴兩種獸類不但為吾國之特産且為世界珍品自前年羅斯福採集團來康獵得白熊兩隻後一時報章宣傳中外人士之來取獵者日多查以上兩獸原種極少如不加以限制將有滅種之虞茲依照狩獵法第四條之規定對本省所産之白熊金線猴絕對禁止射殺以資繁殖即生捕者非經本省主管官署之許可亦不得攜出境外為此令仰該縣長即便遵照出示嚴禁是為至要

此令

中華民國 年 月 日

委員長 劉文輝

1938 年 11 月，西康建省委员会训令保护大熊猫

此种举动者，乃系中央研究院呈报中央称，华西之小熊猫目下正逐渐减少，知心朋友设法阻止此种名贵动物之外运，以免将来绝迹云。”

## 中国科学家加入大熊猫研究

世界大熊猫热引发大量西方探险家来到中国疯狂猎杀大熊猫，让中国科学家坐不住了。他们一边呼吁保护大熊猫，一边积极进行科学研究。

1930年9月，中国著名实业家卢作孚在重庆创立民办科研机构——中国西部科学院。

中国西部科学院生物研究所下设动物部、植物部。生物研究所

1931~1935年间开展的较大规模调查就有20余次。《中国西部科学院二十年年度报告》中关于动物园饲养的动物名录有这样的记载："猫熊，数量一，产地穆坪。"

1930年12月19日，中国西部科学院派出郭卓甫、洪克昭与为美国芝加哥博物馆搜集动物标本的特派员史密斯合作，赴宝兴县采集标本。他们于1931年1月15日方始到达，在穆坪、鱼通、懋功等地活动，至10月13日返院。这次合作，考察队共采集到兽类标本74件、鸟类标本102件、爬行动物标本10件、鱼类和两栖动物标本14件；采得活动物3只，饲养在动物园内，其中就有采集至穆坪的小熊猫，但大熊猫标本和活体均没有采集到。

上海《大众画报》著名摄影记者王小亭、《良友》杂志记者跟随采访。随后，《大众画报》《良友》相继刊发《川边狩猎》等图文。其中《大众画报》聚焦宝兴赶洋沟，刊发了整整两页的照片。

中国西部科学院档案资料表明，当年中国西部科学院在宝兴采集了白熊皮，雪豹、金钱豹、青猴子、小红猫熊等动物标本。在"白熊皮"中，特别注明："下体灰白，腹侧灰黑，下尾简白，全长150cm。四肢、肩部及头额中央毛色棕黑，其他各部分毛色均为白色。采集地点：宝兴。"

北平静生生物调查所成立后，与中国西部科学院合作，在四川省、云南等地采集动植物标本，也曾到过宝兴、天全、芦山、汉源等地。

民国时期，夏元瑜曾任北京动物园园长，在随笔《一错五十年——为猫熊正名》中写道："北平的静生生物研究所在1933年时从西康采了一只大熊猫回来，我仔细看过它的头骨，可惜当时照的相全没有带出来。"

英国人创建于1874年的上海亚洲文会博物院，从1924年左右开始以生态景箱形式陈列采集到的动物标本，其中大熊猫、小熊猫均在一个生态

(42)

# 西康狩獵記

楊帝霖

我們的嗜好又把我們帶到人跡稀少的山野去了，去年捌月離開了暫時的家鄉——上海——到西康的邊境去找我們前幾次沒有獵得的大動物標本。

輪船只能載我們到四川的嘉定，從那裏就開始步行，每天平均七十五華里，整整走了十二天，纔到達高出海平二五〇〇公尺的市鎮——打箭爐，在那裏安置了大本營。

準備了二十天的食糧，向北五十哩的孔玉去行獵。正午時溫度達華氏一百一十八度，子夜時却低降到冰點。我們在那裏活捉了不少的飛禽。離孔玉不遠有金線猴Golden Monkey，牠的毛色由金黃深黃而變到雪白色的，一九二八年一個美國的探險隊Kelley-Roosevelt Expedition才把全世界的第一隻獵得帶到芝加哥去。我們是多麼懇切地去替祖國找全世界的第二隻啊！

正要前往行獵的時候，共匪已殲滅了丹巴縣正向着孔玉進展，在那裏負責治安的團總不知怎樣對付他們，誠懇地勸止我們，不要前去。跟着匪迫得更近的消息傳到了，團總想避開，我們便不客氣地阻止他，把他該負的責位說得明白，並加入了他的隊伍準備合作抵抗。當地雖說有好幾百名壯丁，但風聲一緊，就不知溜到山林的那一角去，連我們一齊只留下二十多人，在崇山峻嶺的孔玉倒很可以應付一下的，從五六十桿土槍中挑選了好一點的充實了火藥和鉛彈，晝夜不停地加工建築臨時的碉堡，我們決定了防守匪的進侵。

我們自己槍枝的子彈不多了，集攏了我們的手槍一齊還不夠二百發。我們派團員到大本營去把所有的槍枝和子彈一齊搬來，一方面派人到前方去探聽匪情，過了幾天，取武器的人回來了，說當地長官未準達來，勸我們即日返打箭爐，盼望了很久要遭遇的險，終於沒有達着，使人多掃興！

團總的家屬領走了壯丁不知何往，我們的食糧欠缺，子彈沒有了接濟，工作還沒有做到一半便依依不捨地回大本營了。去時安靜得很，回來的時候到處都修滿了碉堡，國軍工作多迅速啊！

時間是最寶貴的，尤其是在野外工作的時間，我們出發到貢加大雪山去途中獵得很多Blue Sheep做馬塞子和食料，那時馬熊Grizzly Bear和Himalayan black Bear黑熊均已冬眠，那兩種熊早已獵得而那裏再沒有甚麼大動物值得尋求的，恰好了行裝又向西南幾十里無名山谷去找標本。在一萬二千尺高的地方發現了一個很美麗的大湖，未結冰以前那裏還有水鴨子，我們在那裏獵得野牛Takin。崖石太因，林子太密，獵野牛是不容易的。牠是半羊半鹿的一種動物，體重總在六百至千斤左右。雖是那末笨重爬起崖子是很靈活的，土人說牠專門吃藥草如虫草貝母之類，所以很貴，牠的肉據說吃了可以補養身體。

雪堆積得太厚了，我們常獵山羊作食料，十一月時那末冷的氣候——冰點下二十四度——在結了厚冰的湖面上行走真有趣。旗打濕了一會兒便冰成石片一般，濕了的羊毛襪子脫下來不過幾秒鐘便能敲得響，煮冰煎雪那種生活只有身臨其境的人們才能領會到的。

元旦日我們慶祝得熱烈非凡，那天早上沒有橡炮用獵槍及手槍連續地放了廿五響慶祝廿五年的來臨。獵了特別多的雪雞野兔，保留了很久的罐頭菠蘿，寶貴的麥片，巧格立……在那種地方還盼望甚麼呢？最後我們還自製冰淇淋。

二月離開了湖，遷到低在五千呎的地方去看看他們過廢曆年賞賞梅桃花。那裏的羚羊Goral很多，我倆曾一天獵得十二頭，但有一次被他們用整山繞整住了。據說他們用咒符能使獵者整天不見獸面，縱使看見了也擊不中牠或擊中而得不到手。

一天早上，導獵者和我發現了羚羊的足跡，便跟着追蹤，中途遇着一個四十來歲的老人，叫我們獵得羚羊一定要分一半給他。我們那裏有空去和他多講，不理他而繼續追蹤，走了三里路，導獵者發現了羚羊在對面山谷距我們約二百公尺，他再指我仍看不見，後來導獵者將槍架瞄準好，我從準星瞄去果然有一個公羊。我前進了五十公尺，開始射擊了，第一二槍不知着彈點在那裏。第三槍着牠肩上，但羊仍在跳躍。當時我有點奇怪，因為在這末短的距離內總不致連小羊也打不中，而且用的是一百八十格連(Grain)的達姆彈呢。第四槍着在後腿上，牠下了，仍在掙扎。正要給牠第五槍，導獵者止住了我，他說別人整了山再打也無用的，叫我先回去，羊在我走後定會落下來。我怎能相信這種無稽之談呢？擊中野牛都能立刻倒下的一百八十格連的達姆彈難道一個七十來斤的羚羊也打不下來嗎？我等着牠再跳，但牠却不跳了，用三隻腳慢慢地向上爬，我真等得好不耐煩，把第五顆達姆彈換上了一顆空頭爆炸彈Open point expanding bullet準備最後一槍，牠爬了十來尺又停止了在

穿起隔風衣抵禦着每小時八十英里速率的狂風

萬尺的雲屏下面，露出山塞，像海中小島

※《良友画报》1936 年 0118 期刊登《西康狩猎记》1

呼號。用窺遠鏡可以看見牠已中了三槍，兩槍在胸肺之間，皆係可致命的，洞口很大。我一方面可憐牠的慘痛另一方面是感到好奇，瞄準了心房給牠最後一槍，牠下來了，從百多尺高的崖上落下仍在動。牠只餘四肢及頭尾，我更不忍看，終於用可而脫手槍把牠的頭打碎才結果了牠可憐的性命。回來時又遇着那個人，很驚奇地看着導獵者背着那不成樣子的羚羊。牠到底爲了甚麼能這樣耐命，至今仍有點懷疑，說不定土人眞會整山哩。

從此每日必有所獲，不是羚羊便是山驢 Serow 牠是很普遍的獸。大小驢子，是生在八千尺以下山谷的，土人算牠爲四不像，因爲牠有羊角驢耳，鹿的身段和牛一般的氣力，而四樣都不是。那裏的獵者都用獵狗去追踪，把牠追到崖之盡頭開始和獵狗決鬥時才打他的。

最熱切要得到就是(Giant Panda)大熊貓。土人叫牠做白熊，現在上海博物院路亞洲文會博物院可以見得到不完全的標本。牠不是多眠的熊，牠也不是食肉的貓，是亞洲最稀有的獸，也可說是全世界最寶貴的幾種獸中之一。大軍啓行了，向牠的家鄉去，到玀玀地方去啊！

正是嚴冬之末，四個一萬六千呎以上的山口都積着厚厚的雪。有些地方齊着頸項，我們要做牲畜的開路先鋒。有一座山口化費了我們兩天的工夫才爬過了。萬呎的雲在我們的脚下，上面是明朗中的天空，下面一個個的小山峯露在雲上正如大海中的小島。大雪山脈超過了犛峯在我們左邊，只離我們約六十英里，但我們已走了十多天了，宇宙是多末大喲！我常感覺得人類渺小得可憐。

下了第四個山口，我們已入玀玀族境內的灣垻地方。抵村前玀玀逃光了，因爲前數日他們曾謀殺了一家漢人。現他們以爲我們是來捉拿他們的，費了很多的工夫才把他們找回來，並且由他們口中得了關於白熊的下落。據他們說白熊（卽大熊貓）是食鐵的動物，在洪垻(距灣垻三日路）曾發現過。那裏曾有一個樵夫斫柴用力太大，柴刀斫入樹身，回去另找刀斧把刀取下。再返該地時，發現白熊正在嚼那把柴刀。第二次在洪垻發現牠跑入人家厨房去把鐵鍋拿走了，這當然是謠言，但他們算的把牠當爲神獸。

因爲牠出現在洪垻幾次了，我們便往洪垻去。雨雪交加的第二天我們過了一六五〇〇的又一個山口，風速每小時八十英里，雪打在臉上眞有點痛，馬倒了三匹，隔風衣 Windproof parka 的兜帽打在耳旁的聲音急如機關槍，國旗仍在飄揚。

下到一萬尺的地方開始有竹子了，抵洪垻已入竹林的地域。事情終是這樣的，灣垻又聽說許久沒有發現過，又要在洪垻陰谷中才有，我們深恐回到洪，又說這裏有，於是決定了自己到洪垻的最深谷去。我們分兩批人，三天的食糧已經很夠背負了，加上子彈和零碎東西，總有四十斤。帳篷也不帶去，每人帶了張 Rubber poncho 可以作雨衣也可以做帳頂。細竹開始繁榮，進了陰森的谷到萬一千尺了，再到萬三千尺那些細竹密得蚊子都飛不過。在那裏我歇了第一晚，月亮圓得可愛，風也輕鬆四週皆是雪，一切都是銀白色的，多安逸的世界。大自然的寂靜不時給雪豹的叫嘯打破，我也不停地探探在袋裏面的手槍。

清早我已埋在粉雪中，昨夜下了小雪，看看寒暑計已在冰點下二十四度。從熱被窩裏爬出來是多難捨啊，但正是獵獸的理想氣候，在雪上正好跟白熊的踪。四時五十分握着半明的電筒出發，七點鐘才在細竹林的深處發現牠的足跡。我低着頭爬着，像游泳一般地兩隻手拂開密密的竹枝前進，竹葉上的積雪倒下來，我成爲雪人了。越追越近了，因爲足跡明顯得很，再跟上二百多公尺，牠像發覺有人在追牠，脚步放得闊了好多。十點鐘了，牠好像傷得生氣，竹子咬斷了很多，幾次我瞄過那些斷竹險些兒將我的眼珠刺破。後來終追到聽見牠發氣叫喊的怪聲，我此時只距牠十來公尺，但竹是那麼密，連前面一尺內也看不見甚麼。我在竹的當中，萬多尺高的地方，空氣漸稀薄呼吸漸覺困難，我再不能追了，我已倦到爬都爬不動了，而且已過午時，我還要回營去休息哩。我想向四週放一排亂槍，或許會擊中牠，但又怕未中而明天牠又不知會到那一個山谷去了。終於捨了牠回營，歸途打了幾個青猴回到營地時忽得到急訊，說明日清晨就要回根據地，因爲匪已將大路阻斷，現在只餘小路，萬一連小路都斷了那末我們就要很費事地搬運我們的標本了。追於無奈我只有離開美麗的靜谷，暫別了大熊貓。我算是戰敗了，但我不失望，不灰心，我總要再去找牠的。

（完）

╳ 《良友画报》1936 年 0118 期刊登《西康狩猎记》2

景箱中，大熊猫在下方，小熊猫在上方布置的树枝上。“按照白熊之自然生态环境，配合竹林山坡，景况逼真，后壁用油画配置远景。”当时博物院面向公众开放，影响十分广泛。

1940年6月，北平静生生物调查所专家彭鸿绶参加了西北资源调查团赴西北考察，在考察期间与大熊猫“美丽邂逅”。1943年，彭鸿绶以英文撰写的《大熊猫之新研究》在《静生所汇报》（1943年新一卷第一期）发表，这是中国科学家撰写的第一篇大熊猫科研论文。

有“中国解剖学先驱”之称的卢于道是《科学画报》的创始人，他曾解剖过大熊猫，写过一篇《大熊猫的脑》，发表在1943年出版的《读书通讯》（第79—80期）。

面对西方人对大熊猫的疯狂猎杀，1947年，卢于道在《科学画报》上公开呼吁“保护行将绝迹的大猫熊！”在文中，他写道：

“大熊猫，面似猫而非猫，体似熊而非熊。这种动物，为中国特产，产在成都西面大雪山，除此地以外世界各地皆不产的。

从前，中国科学不发达，连产在本国的动植物，都要劳外国科学来越俎代庖，真是惭愧。例如二十年前，美国自然历史博物馆考古学家奥斯邦（H.H.Osborn）氏，他派遣蒙古采集大队，来此地采集大批现已绝种的数百万年前恐龙的骸骨。他们采集了大批珍贵标本，要运回美国。那时中国科学刚刚有一点起来了，于是，有的科学家请他们不要全部运出去，留一部标本在中国，让本国亦保存一份。为了此事，奥斯邦大发脾气，我们给他骂了一阵。他说科学是国际性的，这些标本是供科学研究的，我国既然没有科学会研究，为什么要为难美国科学，不让他们把标本带到美国去研究呢？这种行为是小气，是阻碍科学。我们受不了这么责备，就让他们带出国去，让蒙古恐龙的骸骨亦留美去了。说起来惭愧，自从那时起，我国虽有了考古学家，有了新的发现，如云南的禄丰龙；但是直到今天还没有一个像美国自然历史博物馆那样的博物馆。

蒙古恐龙骸骨是死的珍宝；现在我们还有一个活宝贝，那就是四川大雪山的大猫熊。

大猫熊西文名曰The Giant Panda，学名曰Ailuropoda Melanoleuca，和狗、猫、熊等同属食肉类，并且还有两颗犬齿；可是它根本不吃肉，喜吃嫩竹和笋子。英美科学看中了这种古怪奇珍的动物，三番四次到中国来捕捉；好容易捉到活的了，用轮船飞机运回去。因为英美不产竹，乃喂以营养上品，鸡蛋牛奶。偏偏这种怪动物不会享福，都是不久就死去了。直到抗战晚期，蒋夫人宋美龄女士还设法弄到了一对熊猫，送给美国；路过重庆，还在中央广播电台，'吼''吼'广播了几声，从重庆到美国，坐飞机，由兽医护送。可是一到美国就病，不久又死去了。

这种猫熊，性情非常和善，住在高山上，从不狂人，遇人就互让，各走各的路，因此有'喇嘛'之称。可是你如果犯了它，它有多大威力，倒亦不敢说。因此要捉到活的，倒亦不易，除非一枪打死。去捉活的时候，往往先取小的，而后用小的引大的出来找小的，在途中设陷阱，陷在阱里，就被捉住了。本地人看见了，都要念一声'阿弥陀佛'。现英美都缺此动物，因此随时都想再到中国来捉几个。可是据本地人说，现在已少见这些'喇嘛'了。我政府听见了，于是亦下一道命令，说是只许四年捉一对，以示保护之意。从此大猫熊有法律保护了。可是虽有法律保护，在不久的将来，恐仍有绝种之虞！"

## 大熊猫“明”的传奇

除了科学家开始研究大熊猫外，大熊猫也进入了中国艺术家的视线。

当年史密斯历尽艰难送到英国的大熊猫，其中一只名叫“奶奶”的大熊猫刚到伦敦就罹患肺炎，两周后病逝了。另一只叫“小开心”的大熊猫被一个德国动物贩子买走，辗转于德国的各大动物园，最后又卖到了美国。其余三只熊猫“贝贝”“小笨蛋”和“小生气”后被伦敦动物协会收购。新主人对中国历史颇有研究，将三只大熊猫分别冠以中国朝代的名字——“唐”“宋”“明”，当时的“明”还是幼崽。

1939年12月18日，“宋”因病去世，次年4月23日，“唐”也追随“宋”而去，动物园里只剩下了年纪最小的“明”。玛格丽特公主和她的姐姐伊丽莎白（即后来的英国女王——笔者注）也曾一同去观看过首次出现在英国本土的大熊猫。

大熊猫“明”很快成为当时伦敦的明星，它的形象频繁出现在英国的卡通、明信片、玩具、报刊杂志中，甚至连刚刚起步的电视节目都留下它的倩影。1939年，第二次世界大战爆发。次年，德国对英国展开了史无前例的狂轰滥炸。大熊猫“明”的出现为当时英国紧张的战争氛围注入了一丝难得的轻松与欢快，对于惊魂未定的英国儿童尤为宝贵。

在观看大熊猫“明”的观众中，有一位旅居英国的中国诗人、作家、艺术家蒋彝。他得到动物园园长维弗斯的特别关照，允许在白天近距离观察大熊猫，甚至晚上动物园关门后也可不走。后来他以大熊猫为主角写下两书，《明的故事》和《金宝和花熊》，讲述大熊猫“明”到伦敦的旅程。在这个故事里，蒋彝提到了大熊猫的外交才华：

“‘明’是中国的真正代表。它天真善良又好客，跟中国人一样。它很有耐心，就好像所有的中国人一样，它择善固执，中国人也是一样。它打算下半辈子都住在这里，与英国人成为永远的朋友。希望它们可爱逗趣的模样可以将欢笑带给英国的小朋友。”

蒋彝先生以作家的敏锐眼光，看到了大熊猫背后所代表的中国人的品德，择其善者而从之，执其毅者而守之。同时，蒋彝还以“明”为主角，创作了大量的美术作品，成为用传统中国画法画大熊猫的第一人，被称为“熊猫人”。

英国艺术家的眼光也盯上了大熊猫“明”。英国著名摄影家伯特·哈迪拍摄了一张传遍全球的照片，照片中，大熊猫“明”似乎在摆弄三脚架，为摄影师的幼子迈克拍照，其神情之认真，令人忍俊不禁。

后来战火越烧越旺，1940 ~ 1941年间，德国飞机对伦敦等16座英国城市进行狂轰滥炸，造成4万多人死亡。大熊猫“明”被转移到英国东部的惠普斯奈德动物园，但仍经常被带回伦敦“会会朋友”。大熊猫“明”像是黑暗中的一束暖光，温暖着人们的心。

不幸的是，“明”没有见到战争结束的那一天。

1944年圣诞节后的一天，大熊猫“明”病因不明地离去了，那天的天空正如“明”到达英国的第一天，飘着雪花。

大熊猫“明”的去世引发了全英国的哀悼，《泰晤士报》专门发了“讣闻”：“它曾为那么多心灵带来快乐，它若有知，一定也走得快快乐乐。即便战火纷飞，它的离去依然值得我们铭记。”

值得欣慰的是，随着蒋彝作品的流传，大熊猫“明”的故事越传越远。

70多年过去了，大熊猫“明”再次亮相伦敦。2015年，英国伦敦动物园收到一份特殊礼物——一尊大熊猫“明”的雕塑。这是中国日报社联合中国人民对外友好协会等单位联合赠送给英国人民的。

## PART 05
# 战争年代熊猫的使命

1869年至1946年间，国外有200多人次前来中国大熊猫分布区调查、收集资料，捕捉大熊猫，猎杀或购买大熊猫标本。

目前，许多西方国家的博物馆中都有大熊猫标本。据不完全统计，在1936至1946年的10年间，至少有70具大熊猫标本进入了西方国家的博物馆。柏林自然历史博物馆是世界上最大的科学博物馆之一，存放在这里的大熊猫标本是德国动物学家马科斯·雨果·韦戈尔德收集的。1916年，韦戈尔德在四川汶川捕获一只幼体大熊猫，他也因此成为现代科学史上第一位拥抱活体大熊猫的西方人。只是，这只大熊猫并没有活着走出国门。其后，他又获得了三只雄体和一只雌体大熊猫的头骨和皮张，最终都陈列在柏林自然历史博物馆里。大英自然历史博物馆是欧洲历史最悠久的自然博物馆之一，这里展示的大熊猫标本，是1938年被弗洛伊德·丹吉尔·史密斯盗卖到伦敦的大熊猫。

美国菲尔德自然历史博物馆的大熊猫标本，是罗斯福兄弟在中国猎杀的大熊猫。他们首开西方人在中国猎杀大熊猫之先河。他们还在穆坪获得了两张大熊猫皮，最终都被菲尔德自然历史博物馆所收藏。第一只走到西方国家的活体大熊猫“苏琳”，死后也被制作成标本，存放在菲尔德自然历史史博物馆中。

历史往往就是这般耐人寻味：1902年，时任美国总统的西奥多·罗斯福因为不愿杀死毫无反抗能力的小熊而放下猎枪，并发誓从此不再猎杀黑熊。“ This is not a level playing field!！ ”（这不是一场公平的竞争）

他的至理名言掷地有声，至今仍被广为传颂。但20多年后，他的两个儿子却来到中国猎杀大熊猫。

直到20世纪30年代末，国民政府加强了对大熊猫的保护，西方国家通过猎杀取得大熊猫越来越难，来中国捕捉大熊猫的人明显地减少。但面对西方人对大熊猫的热爱，国民政府开始向西方国家赠送大熊猫。

## 大熊猫和炸弹，和平与战争

1941年12月，太平洋彼岸的美国人民，几乎在同一时间收到了来自东方中国、日本两个国家的“礼物”：大熊猫和炸弹。

1941年12月，一艘邮轮在茫茫的太平洋上漂泊。这艘名为“柯立芝总统号”的美国邮轮，于11月16日从菲律宾马尼拉起航，目标是美国旧金山。在这艘邮轮上载着中国特殊的“国礼”——大熊猫。名叫“中美”的两只大熊猫以“和平大使”身份远离故土，踏上了漫漫旅途。

11月18日，“柯立芝总统号”邮轮起航的第三天，日军以第六舰队27艘潜水艇，并载有5艘特种潜水艇组成的先遣舰队，分别从横须贺、佐伯湾出发，分3路直扑夏威夷，担负侦察监视和截击美舰队的任务。11月26日，以第一航空舰队6艘航空母舰为基干而组成的突击舰队，从单冠湾出发，沿北方航线隐蔽开进，赴瓦胡岛北面预定海域，担负空中突袭珍珠港的任务。

夏威夷时间12月7日，日本的“礼物”送到了美国。当日7时、8时，日军在两个小时内出动350余架飞机偷袭珍珠港美军基地，炸沉炸伤美军舰艇40余艘，炸毁飞机200多架，毙伤美军4000多人。美军主力战舰“亚利桑那”号被1760磅重的炸弹击中沉没，舰上1177名将士全部殉难。

日本偷袭珍珠港，加速了日本军国主义灭亡的命运。美国对日宣战。

而这一天，载着大熊猫的“柯立芝总统号”还在横渡太平洋，美国人民正翘首盼望大熊猫的到来。温顺可爱的大熊猫，是中国人民对美国人民在最艰难最黑暗时刻给予帮助的回赠，带着中国人民的感激和善意，是和平和友谊的象征。

在中国抗日战争时期，美国联合救济中国难民协会在美国发起救济中国难民运动，提供医疗器材、药品、食品等援助。1941年3月，该协会发起募捐运动，自3月1日至4月3日，共收到各方捐款近1500万美元。该协会与赛珍珠女士发起的中国灾难救济会也同时收到大批捐助品。

在此情况下，宋美龄决定赠送一件珍贵而具有中国特色的礼物表达感谢之意。正当她与宋霭龄物色礼物时，有一天从收音机里听到一则美国新闻，大熊猫“潘多拉”（Pandora）死亡后，美国人民为之悲痛不已。潘多拉是1938年华西协和大学应美国纽约动物协会请求，从灌县（今都江堰）捕获的一只大熊猫幼仔，于1938年5月送往美国,6月9日到达美国旧金山。1941年5月15日，潘多拉在美国去世，成为1949年以前在国外生活时间最长的大熊猫。潘多拉在西方神话中被认为是诸神赐予人类的礼物，将大熊猫取名为潘多拉，可见当时美国人对熊猫的狂热追捧。于是宋氏姐妹决定赠送美国一对珍奇的中国大熊猫。这个决定开创了中国以政府名义向外国输出大熊猫的先例。

宋庆龄和宋美龄一起看望可爱的大熊猫

宋美龄一面通过外交途径向美方传达这项决定，一面积极寻觅合适的大熊猫。捕捉大熊猫的任务落在了成都华西协合大学教授、博物馆馆长葛维汉的身上。

葛维汉曾主持三星堆发掘，使沉睡数千年的古蜀三星堆文明终于揭开了神秘的面纱，以其无比璀璨的身姿逐步展现在世人面前，被称为20世纪人类最伟大的考古发现之一。

葛维汉不仅在文物考古有极高的造诣，在民俗学、生物学等方面有极高的造诣，是熟悉中国西部边民的出色人类学家，对中国西南边疆的人类学、博物学的考察有着开创之功。不仅如此，葛维汉还对动植物标本的收集也有极大的兴趣。

1924年，叶长青撰写的《穆坪：大熊猫之乡》一文在《中国杂志》发表后，穆坪进入到了葛维汉的视线，他曾专程到穆坪考察大熊猫，并拍

ANIMALS

MEI-MEI, BROOKFIELD ZOO'S FEMALE PANDA, CLIMBS UP TO TOP OF LOG PLAY RAMP AND CONFRONTS MEI-LAN, THE MALE PANDA, WHO SEEMS SURPRISED AT HER INTENTIONS

# PANDA LOVE

## MEI-MEI COURTS HER BEAU AND GETS NOWHERE AT ALL

If the insurance policies had arrived earlier, Mei-Mei might now be an expectant mother and Mei-Lan an expectant father. Mei-Mei, 3 years old, and Mei-Lan, 2½, are the giant pandas at the Brookfield Zoo in Chicago. Mei-Mei has been there since 1938 and Mei-Lan, who came over as a baby, has been there since the fall of 1939. Until this year, the Zoo's two life insurance policies on its pandas did not cover death from mating. The Zoo felt it wasn't necessary. But this year, it decided Mei-Lan was old enough and applied to Lloyd's of London for mating coverage. Pandas mate in early April but by the time the laggard policies arrived, early April and the mating season had come and gone. So had Mei-Mei's chances of having a family this year.

Until the policies came, the pandas had been kept apart although they had already made friends and used to sleep with noses touching through the wire fence between their cages. When Mei-Lan was finally let into Mei-Mei's cage, he proved a sad disappointment. He was shy and Mei-Mei had to make all the advances. As these pictures show, her unmaidenly efforts got Mei-Mei absolutely nowhere.

Since their first meeting, however, Mei-Lan has proved himself more of a man. But now Mei-Mei doesn't seem very much interested in him. She acts a little disappointed. Zoo keepers think that she may find Mei-Lan a little young. It may be that the zoo miscalculated and that at 2½, a giant panda has not yet come of age.

AT THE BOTTOM OF THE PLAY RAMP, MEI-MEI GRABS MEI-LAN'S HIND PAW. SHE IS A PERSEVERING PANDA AND WILL NOT BE PUT OFF BY MEI-LAN'S OBVIOUS RELUCTANCE

CONTINUED ON NEXT PAGE 85

美国《生活》杂志对大熊猫“潘达”“潘弟”的报道

下了穆坪最早的照片之一。1929年夏天，葛维汉再次前往穆坪进行为期两个月的旅行考察。后来，葛维汉发现与宝兴一山之隔的汶川也有野生大熊猫，于是把目光盯在了汶川，因为与穆坪相比，到汶川的路要好走得多，路程也要近一些。

当葛维汉接到捕捉大熊猫的指令时，手中已有一只大熊猫，是在汶川县草坡乡的山中捕获的，养在成都华西协合大学校园内。

1941年9月，葛维汉率领20名经验丰富的猎人，在川康交界处又捕获一只大熊猫。两只大熊猫的刚好一雄一雌。9月23日，纽约动物协会会长蒂文飞往重庆，接收大熊猫。10月30日，蒂文飞抵成都。11月6日中午，蒂文和葛维汉二人护送两只大熊猫由成都飞抵重庆。

两只大熊猫，雄的比雌的大些，脸上茸毛是黑白色的，两只小圆眼灼灼有光，身上的毛黑色较多而不甚光彩。葛维翰告诉记者：大的重60磅，小的重42磅。大的取名为“中美”（American China），小的等到美国再命名。葛维汉还向记者展示两大包竹叶和一大捆活竹苗，介绍说两包竹叶是途中吃的，一大捆活竹苗要带到美国去种植。

1941年11月9日，宋氏两姐妹代表国民政府，在重庆广播大厦主持隆重仪式，宣布将“亲善大使”大熊猫作为国礼赠送美国。宋霭龄通过广播，向美国朋友们说明，奉送这一对温顺可爱的大熊猫，希望它们除了是珍奇动物外，更具有其他的意义，就是借此表达对美国的友谊；同时，也为美国联合救济中国难民协会为中国所做的种种热忱的努力，略表感谢之意。

果然，大熊猫受到了美国人民的热烈欢迎。

12月25日，“柯立芝总统号”邮轮到达美国旧金山，30日抵达目的地纽约。两只大熊猫无疑是送给美国人民的一份特别的圣诞礼物。

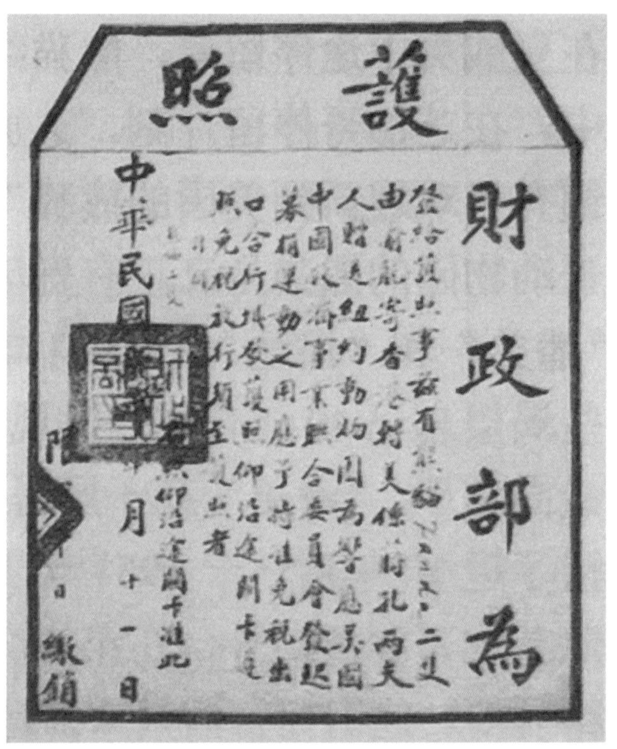

護照

財政部為

中華民國

月十一日

✕ 熊猫出国的护照

当时的报道称：“这一对大熊猫先后经历了3万英里的长途旅行，未受战事影响，活泼依旧，唯日常需用竹叶喂饲，颇为不易，动物园当局对此感到相当棘手。”

1942年1月5日出刊的《时代》杂志以美国总统罗斯福为年度封面人物。该期《自然科学》专栏以“护送熊猫”为题，讲述了两只大熊猫的故事。同月12日，美国《生活》周刊也以《婴幼大熊猫在白朗克斯动物园初次露脸》为题，将其列为该周刊5个主要事件之一，且刊登一幅倚门而坐、若有所思的大熊猫照片，图片说明为：“一头婴幼大熊猫，为中国政府赠送美国孩童的两头之一，在白朗克斯动物园初次露脸。”

大熊猫和炸弹，生动地演绎了一部“战争与和平”的传奇大片。

距珍珠港事件发生不过1个月，美国《时代》和《生活》两大杂志不约而同地报道中国赠送大熊猫的消息。封面人物与专栏主题文章的相互照应，有意无意间传达出中美两国共同勾勒的一幕和善画面。透过大熊猫的可爱形象，让美国人更了解中国的抗战现状，同情中国人民的处境，进而伸出友谊之手。

1942年3月30日，美国联合救济中国难民协会为大熊猫举行周岁庆祝活动，现场情景十分热烈。4月29日，全美儿童为大熊猫命名竞赛揭晓，雄性大熊猫定名为“潘弟”，雌性大熊猫定名为“潘达”。

大熊猫在战火纷飞的岁月，扮演了一种没有硝烟、柔性诉求的角色。日本偷袭珍珠港，太平洋战争爆发，“飞虎队”从缅甸移师中国昆明，中美两国军队共同抗击日本法西斯侵略，第二中队为“熊猫队”，“大熊猫”胸章更是中美合作标志中的标志。

抗战胜利后不到两个月，即1945年10月4日，雄性大熊猫“潘弟”罹患腹膜炎，不治而亡。1951年10月31日，雌性大熊猫“潘达”也在布朗克斯动物园去世。

“明”死后，英国没有了大熊猫。于是，英国政府请求中国政府赠送大熊猫。1946年，国民政府在汶川捕捉到一只大熊猫，取名“联合”，赠送给了英国。

# 第二章

# “国礼”大熊猫

如果我们要选择一种动物来代言中国，大熊猫可以说是最好的选择。

从 20 世纪 50 年代到 80 年代早期，熊猫肩负着“和平友好使者”的身份，24 只大熊猫作为“国礼”被送出国门。

# 大熊猫　国宝的百年传奇

## PART 01
# 首只“国礼”大熊猫

1949年，在大熊猫科学发现80周年时，中华人民共和国成立了，大熊猫得到了有效的保护，不仅外国人随意进入中国捕捉大熊猫的事再不会发生，就连中国人也禁止猎捕大熊猫、小熊猫和金丝猴，大熊猫真正成了中国的“国宝”。

大熊猫在得到保护的同时，也走上了一条“国礼外交”的道路。新中国成立后首次“熊猫外交”是在 1957 年，接受这份大礼的是苏联。1957年，“平平”“碛碛”成为第一对“国家礼物”来到苏联，一年后，“安安”顶替退回的“碛碛”被送到苏联。

## 从“国宝”到“国礼”

1953年5月，原西康省（1955年撤销，并入四川省）宝兴县和平乡民兵到乡政府报告：“山上来了只花熊。”

后来，村民用背篓把这只大熊猫背到乡政府，然后又送到区公所。如何安置这只大熊猫，电话一直打到了中南海。没过多久，北京下达指示：把大熊猫送到北京。

那时的宝兴县没有公路，从宝兴县城到西康省会雅安，是村民用“滑竿”把大熊猫抬过去的。而雅安到成都虽有一条破破烂烂的公路，但汽车很少。西康省政府决定让宝兴县护送人员继续将大熊猫抬到成都。

大熊猫送到成都后的第二天，就在新津机场登上一架军用运输机去到了北京。时任国务院总理的周恩来专程去动物园看过这只大熊猫。动物园请周总理为大熊猫取个名字，周总理问这只大熊猫是在哪里捕获的，回答说“西康省宝兴县和平乡”。周总理想了想说：“那就叫平平吧。”

1955年，宝兴县又给北京动物园送去两只大熊猫，一只是“碛碛”，一只是“兴兴”。

新闻媒体给予了首只进京的大熊猫“平平”极大的关注。《人民日报》1956年7月30日刊发了一组题为《平平日记》的新闻图片，报道了大熊猫“平平”一天的生活。

1957年，苏联最高苏维埃主席团主席伏罗希洛夫访问中国，请求中国政府赠送一对大熊猫给苏联人民。1957年5月18日，大熊猫“平平”“碛碛”以国礼的形式，被送到了苏联莫斯科国家动物园。“平平”“碛碛”是新中国成立后首次走出国门的“国礼”大熊猫。虽然得到精心照料，但“平平”在莫斯科只活了3年多，1961年就去世了。

科学家分析“平平”早逝的原因，在于苏联饲养员缺乏照料大熊猫的经验，同时对于长期生活在野外的“平平”来说，莫斯科的气候与四川老家差别太大了。还有一个原因就是“平平”的年龄问题，据动物园资料记载，“平平”来到莫斯科时还未成年，与成年大熊猫相比，它来到国外后的适应能力要弱一些。

人民日報 1956年7月30日 星期一

# 在北京动物園里

动物園工程师 譚邦杰 撰文　　朱采青 袁毅平 納一 蓄石 攝影

上点年紀的北京人，总会記得西直門外的“万牲園”。如果同現在的北京动物園比較一下，也就不难發現今昔之間的巨大变化。作为中国的第一所动物園，它已有半个世紀的历史了（万牲園創建于1906年）。但是只有在解放以后，它才由逐步恢复整頓而进入到迅速發展的阶段，并逐漸成为一所現代化的科学普及机構。

現在，这个动物園配合了解說員、說明牌以及一系列的出版宣傳工作，每年有好几百万名观众可以从这里得到一些生动的、有关动物科学的知識。动物園还特別注重祖国珍貴动物的介紹，野生动物同人类的关系，达尔文和米丘林学說的体現等等。

动物園在普及的基礎上还有提高科学水平的任务。动物園也規定若干个科学研究題目，准备逐年进行。在推动生物科学的發展这項工作中，动物園和科学院、北京大学、北京农業大学等处保持着一定的联系，各有分工，互相配合。在暑期里，不但在北京的生物系師生每年到动物園进行生产实習，就是远在上海、南京、武汉、南昌等地的高等院校，也常有来实習的。

目前动物園里有二百余种、一千三百余只动物，其中頗有不少堪称为“名貴品种”的。如四只大熊貓（俗名熊貓）便是世上最珍貴的动物，是外国任何大动物園願以任何动物来交換的。又如举世聞名的麋鹿（俗名四不象），經过半个多世紀的闊別，今春已有兩对由海外运来，重新归入祖国特产动物的行列。还有西南高山上特产的金絲猴，秦嶺山区特产的金毛扭角羚和广西山地特产的白头叶猴也都是“独占品”，是国际間任何大动物園从未曾展覽过的。至于东北虎、华南虎、雪豹、云豹、花金貓、小熊貓、馬熊等几种祖国比較珍貴的产物，在国际間也算是相当稀罕的。

由国外来的动物中，最受观众欢迎的是大象和长頸鹿。其他如獅子、白熊、棕熊、斑馬等物，虽不算是特殊珍奇动物，可是也很受人注意。

为了更充实内容，更丰富人民的知識，若干个捕兽队常年派往内地边疆，以便获得更多的动物。两广和东北是常往之地。此外，有去云南边境探訪象迹的，有深入准噶尔盆地去采捕野馬的，也有坐鎮川西以捕获牧养大熊貓的。至于国际間的友好交換，过去我們已換来許多国内得不到的种类，将来一定还会更多。

动物要展覽得好，建筑和环境也是很重要的。“万牲園”遗留下来的旧建筑物，除了一座獅山以外，几乎什么也不存在了。新建筑物中，规模較大的有白熊山、黑熊山、虎山、象房、羚羊館、猛禽笼等，大致都赶得上国际間的水平。正在兴建中的有熊貓房、長頸鹿房、河馬館和鹿苑，今年内都可先后完成。而为了能展覽更多的种类，如猿猴館、馬館、水族館、爬虫館、高山动物苑和水禽池等等大型建筑物也都在規划之内。在第二个五年計划期末，当各种兽舍以及科学楼、文化館等先后落成后，北京动物園完全有可能达到国际間的先进水平。

凶猛暴躁的东北虎

大象举起鼻子，热情地欢迎前来参观的人們。

獅子总是那么地庄重而又威严

最受观众欢迎的动物之一——长頸鹿。

北京的夏天实在热，白熊只好整天在水中游泳。

生活在这里的动物，每餐都能享受到这样丰富而美味的食物。

形影不离的黑天鹅。

“心肺正常”。——医务人員对小鹿的健康頗为满意。

动物園工程师譚邦杰（中）正同科学工作者測量白熊的头骨，研究它的生态。

观众們不久就可以从銀幕上看到电影攝影師所拍攝的生动的鏡头。

“鹤立鷄群”，的确与众不同。

熊猫　箭猪　八哥　四不象　丹顶鹤　金絲猴　犛牛　孔雀　梅花鹿　黑熊

平平的日記

天气真好！出去玩玩。

讓我也来玩一会兒。

味道不錯，可惜少了一点。

吃飽了，休息一会兒

在这里睡一觉，够凉快的，呀……

※ 1956 年 7 月 30 日《人民日报》刊文：《在北京动物里》，其中以“平平的日记”为题，刊发了一组照片，以拟人化的手法，讲述了大熊猫“平平”的一天生活

除了竹子，大熊猫还喜欢吃什么？

大熊猫为食肉目动物，但它们食物成分的99%是高山深谷中生长的20多种竹类植物。野外生活的大熊猫偶尔也采食其他植物，如无芒小麦、玉米、木贼、青茅、野当归、羌活、幼杉树皮等数十种植物。甚至还捡食动物尸体，或捕捉竹鼠等较小的动物为食。

## 被印上邮票的“安安”

1964年，莫斯科动物园迎来建园100周年大庆，作为庆典内容之一，大熊猫“安安”被印上邮票。

“平平”“碛碛”被送到莫斯科不久，因怀疑两只大熊猫皆为雌性，无法与配对，“碛碛”被退还中国，回国后改名为“姬姬”，换了一只名叫“安安”的大熊猫过去。

在动物园饲养员索斯诺夫斯基的《莫斯科动物园的宝贝们》一书中，有关于“安安”的大篇幅记载。书中写道：最初，“安安”非常不习惯苏联人的食物，除了竹子以外，几乎什么都不吃。这可让动物园的工作人员发愁了，因为全苏联几乎找不到像样的竹林。最后，在政府官员的帮助下，他们在黑海附近的苏胡米和巴统两座城市发现了竹子，人们将新鲜的竹子砍下来后装上飞机，运到莫斯科动物园供“安安”享用。

由于花费太高，工作人员找到植物专家，希望他们能在本地种植竹子，结果价钱比空运还要高。无奈之下，工作人员只好慢慢培养“安安”入乡随俗，在“安安”的食谱上列出一大堆美味，包括米粥、水果、蔬

× 前苏联发行的大熊猫“安安”邮票照片

菜、甜茶等，并尝试用桦树、柳树和椴树的鲜嫩枝叶来代替竹子。

最终，“安安”适应了苏联食物，逐渐长大，并且忘记了竹子的味道。据说，同期生活在伦敦的大熊猫“姬姬”也学会了吃香蕉、橙子、白面包、凝乳和鸡肉等。后来，“安安”长到150千克，身高1.5米。

“安安”性格非常温顺和善，当工作人员抚摸或梳理它的毛发时，它会静静地享受。不过，生气或不高兴的时候，它也会用锋利的爪子抓来抓去。最初，“安安”生活在野生动物岛上，1962年，动物园为它专门盖起一幢带有两个房间的别墅，并命名为“竹苑”，“安安”在那里生活了10年。

## PART 02
# 世界自然基金会会标的“姬姬”

1955年的初夏，从北京动物园来的探险队到达夹金山深处，他们的目标很明确，要为北京动物园带回山林里的珍禽异兽。不久，一只名叫“碛碛”的大熊猫就送到了北京。之所以取名“碛碛”，就像“平平”那样，是为了纪念熊猫的家乡，“平平”是出生在和平乡，“碛碛”出生在硗碛乡。两年后，这两只来自同一个地方——四川省宝兴县，又同在北京动物园的小家伙远离故土，被送到了寒冷的莫斯科相依为命。

作为肩负着重任的外交使者，中国和苏联都希望它们能孕育出爱情结晶。心急火燎的苏联人看着两个小家伙过了半年还没动静，认为原因在于“碛碛”和“平平”都是雌性熊猫，便将“碛碛”退回中国，换另一只叫作“安安”的雄性熊猫去替代它。

但是历史和我们开了一个天大的玩笑，“双兔傍地走，安能辨我是雄雌”，由于当年科研水平的落后，根本分不清没有成年的小家伙的性别，被认为是雌性的“平平”其实是个男孩子。

“安安”和“平平”就这样促成了熊猫外交史上最啼笑皆非的包办婚姻，结果不言自明。三年后，水土不服“平平”早早地夭折了，享年5岁。直到死后解剖的时候，人们才搞清楚它的性别。

## 在世界各地流浪的“姬姬”

1958年5月，一船非洲大型哺乳动物抵达中国，这船动物中有3只长颈鹿，2只犀牛，2只河马和2只斑马。把这些动物带到这里的是一个叫作海尼·德默的奥地利年轻小伙子，他从肯尼亚出发，把这些动物一路带到了中国，要求交换一只大熊猫。

美国芝加哥动物学会一直在物色大熊猫，他们准备拿出巨资来购买大熊猫，为此他们愿意支付25000元美金（按当时外汇牌价，相当于人民币150万元——笔者注）。据海尼·德默回忆：北京动物园园长十分友善，让我从3只大熊猫中选一只带走。

海尼·德默在大熊猫馆中住了几天，才最终做出了决定。他写道：

“我观察了一整周这种稀有的动物，我的目的并不只是选一只带走，而是尽可能在短时间内学习其行为。大熊猫相当的狂野，而且根本不习惯受人类的掌控。

我坚信，圈养的幼年动物应该得到类似于母爱一样的情感，因此，当我在非洲刚抓住幼兽时，我会立即找一个非洲的小男孩，让他每天都照顾这只幼兽，给它喂食，陪他玩耍。”

但是，海尼·德默现在找不到小男孩，所以他自己就要扮演着母亲的角色。当他首次进入某个大熊猫的笼子里时，中国的饲养员都感到十分惊恐。他写道：“我必须尽快从笼子里出来。但没多久，一只叫作‘姬姬’的年轻大熊猫开始接受我，它的心灵受伤了，而且它也希望有人能够接触它。我甚至认为它会把我当成好朋友。”

只是，当海尼·德默准备将大熊猫带到美国时，遭遇了美国政府的阻拦。虽然这只大熊猫早就被美国芝加哥的布鲁克菲尔动物园以25000美元

1959 年 5 月，“姬姬”在伦敦动物园与饲养员一起踢足球

预订，但那时中西方正处于“冷战”时期，这笔当时价值150万元人民币的买卖终止了，因为“一切源于中国的东西都不能进入美国，”来自“红色中国”的大熊猫也不例外。《泰晤士报》报道：“又一名去美国的‘移民’（指大熊猫）被美国政府部门挡在了国境之外。”

海尼·德默和大熊猫成为了“冷战”的牺牲品。“姬姬”到不了美国，只得在欧洲流浪。

1958年5月，在运输途中，海尼·德默向苏联申请，希望能让“姬姬”在莫斯科停留10天，经过休整后再运往奥地利。离开不到半年的“姬姬”再次回到了当年它和“平平”居住的莫斯科动物园。

离开苏联后，德国的法兰克福动物园给“姬姬”提供了一个临时的住所。海尼·德默带着“姬姬”在欧洲法兰克福、哥本哈根、柏林等城市开始演出，每到一地，“姬姬”都吸引了无数的粉丝，每一个城市都为它的到来而沸腾。

后来，“姬姬”来到伦敦动物园，世界上最早也是最优秀的动物园之一。原计划“姬姬”只在这里停留3周，没想到一住就是14年。

## 世界动物基金会会标上的“ChiChi”

1958年9月26日，对大熊猫有着深厚情结的英国人用1.2万英镑买下了“姬姬”，除了新家，它还有了一个更为人熟知的新名字“ChiChi”。

“姬姬”在这里享受着所有动物加在一起都无法拥有的待遇，还拥有无数的粉丝，其中之一就是皮特·斯科特爵士。1961年，他和一批环保主义者共同筹建了一个非政府的国际性机构——世界野生动植物基金会（后更名为世界自然基金会，即WWF——笔者注），以保护全球的濒危物种。

起初大家叫这个新组织为“拯救世界的野生动物”，不久后，他们突然发现“世界野生动物基金会（WWF）”要简单明了一些，于是改为后者。机构名定下来了，会标的设计被提上日程。

世界野生动物基金会的草图是以伦敦动物园内的“姬姬”为原型画出来的。斯科特对着这只“ChiChi”随手用钢笔画下了一张素描：黑白相间的毛色，憨态可掬的神情，特别俏皮可爱。最终，“ChiChi”的形象成了世界自然基金会（WWF）的会徽。随着WWF影响力扩大，这只微抬头、半带疑惑望着人类的大熊猫形象，也一天天深入人心。

在伦敦动物园里，“ChiChi”集万千宠爱于一身，它想要什么就有什么。只有一件事情例外，那就是它得不到爱情。“ChiChi”需要一个伴侣了，这个伴侣就是在莫斯科动物园的“安安”。

英国向莫斯科动物园提出建议，希望让两只独居的成年异性熊猫“交流一下感情”，苏联政府经过考虑后，同意了英方建议。

经过长达一年半之久的高级别谈判，出于对世界珍奇物种的科学保护考虑，英国和苏联终于达成协议，同意两只大熊猫进行“联姻”，两国政府专门就这对“孤男寡女”的相亲相恋问题签署了详细的协议。当时新闻界将此事称之为“一次重大的外交突破”。

1966年3月，“姬姬”乘坐一架客机前往莫斯科，机身上印着“熊猫专机”几个英文单词。当飞机到达莫斯科舍列梅奇沃机场时，已经有200多人在等待，其中包括英国驻苏大使、苏联文化部官员、动物园工作人员以及大批新闻记者。有一位记者在当天的报道中写道：“我曾经去过世界上的很多机场，但从没有任何一位元首或国王受到如此热烈的欢迎。”

WWF 的熊猫之旗不分国界

苏联人民不知道，这个他们用远超国家元首待遇接回来的大熊猫，正是 9 年前被他们退回中国的“碛碛”。

1966年3月31日，这两只大熊猫终于被放在一起了，但隔了一道栏杆，起初它们都很紧张，待逐渐适应后，“姬姬”被送到“安安”的房间里。两只大熊猫凝视了一下，随后“安安”到处检查，在一个树桩上面舔了一下，留下了自己的记号。

“安安”紧张地看着“姬姬”一动不动，然后开始在原地慢慢地转来转去，最后大胆地向“姬姬”走了过去，“姬姬”也慢慢地安静下来。这时，“安安”突然朝“姬姬”猛扑了过去，对着“姬姬”龇牙低吼并咬住了“姬姬”的后腿，随后两只大熊猫大打出手，洞房变战场。

1968 年 8 月，“安安”从莫斯科前往伦敦动物园与“姬姬”试亲，“同居”9 个月，没想到情况非常糟糕，两只大熊猫一见面就打得不可开交，

※ WWF 标志

最终人们不得不将它们分开。苏联方得出了一个结论："由于'姬姬'同其他的大熊猫分离得太久了，它似乎已经在大脑中'印记'上了对人类的性意识。"也许错过了青梅竹马的"平平"之后，"姬姬"的心里就再也没有别的大熊猫了。

1972年的3月，"姬姬"生病了，人们密切关注着它的健康问题，大量的粉丝来信堆满了动物园的邮箱，动物园新闻处的电话也被打爆了。7月21日下午"姬姬"疼痛难忍，对"姬姬"实行安乐死似乎成为了唯一的选择。安乐死在次日凌晨3点整执行。

1972年7月22日，一则消息让悲伤遍布英伦三岛——"姬姬"去世了，享年18岁。那个周末的各大报刊哀悼大熊猫"姬姬"的离去："它（姬姬）赢得了全世界上百万人的欢心。"

一年后，"安安"也在莫斯科动物园去世。

## PART 03
# 中美友谊与和平的使者

1972年2月，美国尼克松总统首次访华，签署了具有历史性意义的《中美上海联合公报》。两国领导人兴高采烈祝贺之时，尼克松正式提出了希望中国馈赠大熊猫的请求。周恩来总理决定送两只大熊猫给美国人民。这一年，被美国称为“大熊猫年”。

## 轰动全美的“玲玲”和“兴兴”

1972年4月20日，美国国家动物园把来自宝兴县的两只大熊猫“玲玲”和“兴兴”到达美国的消息公之于众，那天成为著名的“熊猫日（Panda Day）”。

动物园举办了一场新闻发布会，尼克松太太也来了，她带来了一枚画有世界野生动物基金会熊猫标志的徽章，一张印着这两只大熊猫的照片和一本大熊猫的相册。当天超过20000名市民参观了大熊猫。大熊猫抵达后的首个周末，大约有75000名游客蜂拥而至，把动物园堵了个水泄不通。

美国出版发行的《玲玲和兴兴》画册封面

玩耍中的玲玲和兴兴

“玲玲”和“兴兴”可以称得上是当时美国人心中的“网红”，人们说如果去华盛顿旅游而没有去观赏大熊猫，那么就不能算是一次完整的旅行。

两只大熊猫刚抵达美国，公众信件也挤爆了动物园的邮箱。大家都在询问动物园什么时候才能把这两只大熊猫放在一起，什么时候让它们交配，什么时候产仔等问题。

只可惜1975年春季，两只大熊猫又度过了一次毫无成效的发情期。美国人民便寄希望于1976年利用大熊猫发情的机会，得到一只大熊猫宝宝，这样可以撞上美国发表《独立宣言》200周年纪念日。没想到，由于观察上的失误，直到“玲玲”的发情期快要结束之时，这两只大熊猫才被放到一起，自然颗粒无收。

1979年，饲养员每日工作清单上又添加了一项工作，收集大熊猫留下的尿液，通过荷尔蒙的变化，从而更加有效地预测“玲玲”发情期是什么时候开始的。因为在它的发情期开始之前，其尿液中的雌性激素就会突然就出现了一个峰值。

他们还发现大熊猫有一套十分独特的叫声——短又尖的咩咩声和鸟叫声，而这一声音也正是“玲玲”在邻近发情期时所发出的声音，而“兴兴”在听到此声音后也回应以自己独特的声音。

只是这一年，“玲玲”和“兴兴”最终也没有发生过交配行为，他们决定给大熊猫实施人工授精。1981年，美国迎来了另一只雄性大熊猫——“佳佳”（由伦敦动物园暂借给美国）。民众便把希望寄托到了“佳佳”身上，希望它是一个更加适合“玲玲”的伴侣，然而它们首次见面就打了起来。

“两只大熊猫完全处不到一堆去，而且由于‘玲玲’遭受了重伤，我们既无法让它又和‘兴兴’在一起，也无法去试着给它实行人工授精手术。”人工授精的事，不得不再等上一年。

后来“佳佳”返回伦敦，但在它返回之前，人们对它实行了电极射精法，并冷冻了它的精液。1982年，当“玲玲”进入发情期的时候，“佳佳”的精液被放入“玲玲”体内。不久，“玲玲”出现了怀孕的迹象，开始搭建自己的巢穴，把苹果和胡萝卜抱在怀中，就像在照顾小宝宝一样。不幸的是，这一切迹象原来是一场假孕，因为雌性动物在假孕期间也会展示出所有怀孕期才具备的行为和生理迹象。

## 悲壮的母亲“玲玲”

1983年。当“玲玲”进入发情期的时候，人们的热情高涨了起来，克莱曼和一名志愿观察员观察到“兴兴”和“玲玲”的第一次交配，此次交配是这两只大熊猫在进入美国国家动物园的十年内的首次交配。但它们交配的时间较短。

随后，他们还使用了一组“佳佳”解冻后的精子，为“玲玲”进行人工授精。7月份，‘玲玲’的身上有了怀孕的迹象。

1983年7月，当“玲玲”体内的黄体酮数值不断攀升并保持较高水平时，动物园的员工就和志愿者们一同开展了一项24小时的观察，通过闭路电视来监视“玲玲”的一举一动。7月20日午后，“玲玲”用竹子搭建自己的巢穴。

当晚上7点钟，“玲玲”开始产仔，第二天凌晨3时成功产仔。新出生的大熊猫宝宝没有任何动静。后来“玲玲”用前肢碰了一下小宝宝后，幼兽的胸口就开始跳动起来了。

“那天早晨的几个小时真是太奇妙了。”“玲玲”展示出了所有能称作是“模范母亲”的举动，它用舌头舔了幼崽并轻轻地把幼崽抱在怀中。但不幸的是，这只幼崽在几个小时后，毫无征兆地停止了呼吸。

动物园的工作人员全都赶了过来，当人们看到“玲玲”在接下来的一整天中，都把这只毫无生气的粉色幼崽尸体抱在怀中，并不停地舔着这只幼崽时，人们都哭了。甚至当人们把幼崽尸体从它手中拿走后，“玲玲”又拿起来了一个苹果，把苹果抱在怀中摇晃了几天。后来，研究人员通过对幼崽尸体进行剖检，得知其死于支气管肺炎。

这天，世界野生生物基金会不仅发表了新闻公报，其设在瑞士的“基金会”格朗总部还下半旗全天致哀，这在世界上还是第一次。

1984年，“玲玲”再次产下的幼仔在出生时也死了。1987年，“玲玲”产下一对双胞胎，也没坚持多久就死去了。1989年，“玲玲”又生下一个孩子，但这只大熊猫宝宝就像它的第一个哥哥一样，在出生的头一天就得了支气管肺炎而死亡。这位悲壮的母亲“玲玲”先后生下5个孩子，但都没有一个成活下来。

1992年12月31日下午3点，“玲玲”走完23年生活历程，无疾而终。全美国各大电视台便播放了“玲玲”去世的消息。第二天首都的两家大报《华盛顿邮报》和《华盛顿时报》同时在一版刊登“玲玲”去世的消息及其生前的大幅图片。为了延续“玲玲”的生命，科学家还从“玲玲”的卵巢中抢救出100多个卵子，冷冻起来以备后用。

1999年12月28日，“兴兴”的生命也走到了尽头。当时的“兴兴”因年迈出现肾衰竭，身体十分虚弱，最终动物园决定对“兴兴”实施“安乐死”。

美国国家动物园之友会执行主任菲尔兹在事后发表的一项声明中说：“我们怀着巨大的悲痛报告‘兴兴’的去世，就像宠物是人类家庭的一部分，‘兴兴’是我们的一部分，更是这些年来照顾它的饲养员和志愿者们生活的一部分。与这样一个受人喜爱的动物分手是痛苦的，但安乐死最符合‘兴兴’的利益。”

对于“兴兴”的离去，专门负责饲养“兴兴”的管理员莉萨·史蒂文斯说：“我们感到无穷的悲痛，同时有着巨大的空荡感，如同现在的熊猫屋一样空荡。”

动物园的熊猫屋已无大熊猫身影，有的只是大熊猫生前玩耍的照片和动物园工作人员所写的颂词和摆放的两朵红玫瑰。颂词写道：“‘兴兴’是中华人民共和国赠送给美国人民的友谊与和平的礼品。它和雌熊猫‘玲玲’于1972年4月16日一同抵达。我们都将思念它。”

PART 04

# 海外的大熊猫家族

1975年，在中墨建交后的第三年，应墨西哥总统埃切维利亚的要求，中国政府赠送墨西哥政府一对大熊猫“迎迎”和“贝贝”。这是墨西哥第一次拥有自己的大熊猫。

1975年9月10日，来自中国的大熊猫“贝贝”和“迎迎”跨海越洋来到了万里之遥的墨西哥，不仅谱写了中墨友好的佳话，而且还诞生了一个大熊猫“海外家族”。

## “迎迎”和“贝贝”来到墨西哥

始建于1923年的查普特佩克动物园，是拉美唯一一家拥有大熊猫的公园。为了让大熊猫适应墨西哥的气候和饮食，该公园的饲养员和科研人员做了大量努力：在动物园内种植了三种竹子供大熊猫食用。为了防止竹子开花造成大熊猫断炊，墨西哥城的另外两大动物园：圣胡安·阿拉贡动物园和科约特动物园也分别种有不同种类的竹子备用。

公园为大熊猫提供的日常菜谱是：苹果、米饭、胡萝卜、竹子，少许牛肉和有墨西哥特色的仙人掌叶。公园还在大熊猫馆设有一间实验室和活动监测室，24小时跟踪大熊猫的行为和生理指标变化，三个饲养员每人负责一只大熊猫。大熊猫的居住环境优雅，室内有冷暖空调。

良好的生活条件及饲养人员和科研人员的用心照顾，令远在异乡的雄性“贝贝”和雌性“迎迎”成为在中国以外最高产的大熊猫夫妻。“贝贝”和“迎迎”共孕育了7个孩子，4雌3雄，可惜的是它们的第三代只有“欣欣”一个雌性大熊猫。

## 一个叫“朵蔚”“女孩”

1981年7月21日，墨西哥的“大熊猫热”发展到了极致：“迎迎”和“贝贝”的第二个孩子诞生了。

一年前“迎迎”和“贝贝”有过一个孩子，但出生后不久就夭折了。墨西哥人民把对大熊猫全部的爱都倾注在了这个刚刚出生的小生命身上，希望它能够顽强地活下来。动物园还发起了一场全国范围内的征名活动，让墨西哥百姓来给这个顽皮、可爱又腼腆的大熊猫宝宝起名字。最后，一个4岁半的印第安男孩在无数的参与者中胜出，他给大熊猫宝宝起的名字是“朵蔚（TOHUI）”。孩子的理由很简单：在家里，爸爸妈妈都叫我“朵蔚”，我像爸爸妈妈爱我一样地爱大熊猫宝宝，我也要叫它“朵蔚”。

“朵蔚”是生活在墨西哥奇瓦瓦州的一支印第安部落的土语，意思是“小男孩”。虽然饲养员们过了很久才发现“朵蔚”其实是只雌性大熊猫，但是“朵蔚”这个名字已经得到了大家的公认，也就没人在乎它的本意了。

20世纪八九十年代，“朵蔚”是查普尔特佩克动物园的头号明星，也是那个年代整个墨西哥最耀眼的动物明星。来动物园的参观者都要与它合影，媒体争相报道它的故事，作曲家为它写歌，歌星为它献歌，它憨态可掬的样子经常出现在报纸、电视、广告和孩子们图画课的画板上……

后来，“朵蔚”又多了两个妹妹：“双双”和“秀花”。1990年，“朵蔚”的女儿“欣欣”也来到这个世界。

1993年11月16日，“朵蔚”去世。很多墨西哥孩子和曾经的孩子都流下了眼泪。动物园将“朵蔚”的遗体做成了标本，与它的父母的标本摆放在一起，永久陈列在动物园里。

2012年墨中达成协议，由中方向墨方提供大熊猫精液，为“欣欣”进行人工授精。这让查普尔特佩克动物园再次看到了希望，可惜没有成功。

如今，还有两只雌性大熊猫生活在查普尔特佩克动物园里，一只是“朵蔚”的妹妹“双双”，一只是“朵蔚”的女儿“欣欣”。两只大熊猫有专人饲养，住在有空调的单间，还有专门的厨师为它们准备爱吃的食物。“朵蔚”的另一个妹妹“秀花”以27岁的高龄去世。

墨西哥城查普尔特佩克动物园仅有的两只雌性大熊猫在等待合适伴侣到来的过程中渐渐老去。

## PART 05
# 最后一对“国礼”大熊猫

1979年10月，应时任联邦德国总理施密特的请求，中国政府决定赠送一对大熊猫给联邦德国。以往的“国礼”大熊猫都是从北京动物园选送的，而这次选送任务落在了成都动物园头上。

联邦德国一家有影响的画报社和一家图片社分别向新华社约稿，要求提供这一对大熊猫的全部图片档案资料：从捕捉开始到“选美”过程，再到“新郎新娘”喜结连理。后面内容都还好办，但“捕捉”过程难住了新华社，毕竟两只大熊猫早已捕捉，无法“回放”。征得联邦德国同意后，决定补拍这一部分的照片。这个任务落成了四川分社摄影记者金勖琪的头上。金勖琪和熊猫科研人员深入海拔2900多米的夹金山寻找野生熊猫。

在夹金山上，金勖琪终于拍到了捕捉人员利用木笼诱捕大熊猫、抬运大熊猫的全过程。“这是我第一次到那么高的地方，下着那么大的雪。他们在那儿找到一只熊猫，我拍照有时候会摔跤，摔了要赶快爬起来，我到那儿看见熊猫后刚把相机拿出来，它‘哇’的一声就对我叫，很凶的，把我吓一跳。我第一次接触熊猫的经历就是这样的，后来我们就跟它一起回了成都。”

成都动物园的一只雄性大熊猫和重庆动物园的一只雌性大熊猫被选

中，它们分别出生于四川宝兴县和天全县，出生时间都是1978年9月前后，根据它们的出生地，分别被命名为“宝宝”和“天天”。

## 备受欢迎的“宝宝”和“天天”

1980年11月3日，联邦德国驻华大使修德专程赴成都接受这对大熊猫。同日举行赠送仪式。11月4日上午，“宝宝”“天天”从成都双流机场出发，在北京转机，飞赴联邦德国。由当时的成都动物园园长丁耀华先生等一行人负责护送。

为安置大熊猫，联邦德国汉莎航空公司在客机尾部隔离了两个比较宽敞的空间。丁耀华根据两只大熊猫的喜好，分别配制不同的“航空食品”，有竹子、玉米面和奶粉的混合调制食品，还搭配了甘蔗、苹果等。

经过22小时飞行，两只大熊猫到达联邦德国。“宝宝”“天天”受到红地毯的迎接，柏林街头到处张贴着熊猫的画片和广告，儿童玩具和一些商品的商标上也出现了大熊猫。联邦德国媒体总动员，报纸上整版介绍它们的旅途经历、生活习性，生物学家撰写介绍大熊猫的科普文章。电视上，大熊猫更是耀眼的明星，德国人第一次从屏幕上欣赏到大熊猫的风采。丁耀华一行在潘达宾馆(Panda)下榻，这是德国人为欢迎这对大熊猫，特地改的名字。

为迎接大熊猫，柏林动物园也做了充分准备。此前，他们曾经派人到当时已有大熊猫的美国、英国、墨西哥、日本等国家的动物园学习取经，还花费了70多万马克新建了350多平方米的熊猫馆舍，馆舍内有卧室、餐室、游戏场和饲料间，安装有调温设备。动物园每四个星期从法国南部购买品质上乘的竹子，储存在大型的冷藏箱内，以保证大熊猫天天能吃上新鲜竹子。“宝宝”和“天天”对环境、食物十分适应，十来天体重便增长了两公斤。

施密特总理一直关心大熊猫。11月8日，施密特和夫人来到了柏林动物园看望大熊猫。“宝宝”和“天天”表现得特别热情活泼，施密特夫妇不时被逗得哈哈大笑，不断赞赏：“真好，真好！”

施密特夫人本身就是个生物学家、环保科学家，对大熊猫甚是喜爱。施密特开玩笑说：“以后你就是大熊猫的干妈了！”

因大熊猫结缘，丁耀华一行与联邦德国同行结下了深深的友谊，动物园各部门派人轮流陪同他们参观访问。最令丁耀华等人感动的是，每日参观完毕，陪同的德国人都要邀请中国客人赴家宴。家宴是德国人接待客人的最高礼遇。

赠送联邦德国的大熊猫“宝宝”

## “宝宝”的悲欢离合

“宝宝”和“天天”，青梅竹马，远渡重洋，一起来到柏林动物园安家落户。德国老百姓对两个“友谊使者”爱得不得了。柏林人还为“宝宝”取了德语名字意思是“小宝贝”。

小两口朝夕相处不到四年，“天天”就因病毒感染夭折了。“宝宝”年纪轻轻失去了“爱妻”，每天形影相吊。

为了给“宝宝”寻觅佳偶，柏林动物园费尽了心思，甚至不惜“千里联姻”，把“宝宝”送到英国伦敦动物园相亲。谁知两只大熊猫一见面就互斗，相亲之旅告吹。

1995年，柏林前市长迪普根在访华时，带回租借来的雌性大熊猫“艳艳”。可是“宝宝”和“艳艳”也一直没擦出爱情火花。2007年，22岁的“艳艳”因肠胃阻塞死亡。“宝宝”孤零零地活了下来。它一直是柏林动物园的“镇园之宝”，为柏林动物园吸引了无数的游客。2012年8月22日早晨，“宝宝”离世。

第三章

# 明星大熊猫

走出国门的大熊猫光彩夺目，更多的大熊猫虽然没有机会走向世界，但他们犹如点点繁星，在世间光彩熠熠。

# 大熊猫 国宝的百年传奇

PART 01

# 大熊猫巴斯的传奇故事

2017年9月13日，一只大熊猫的生命走到了尽头。它当年手持金牌奔跑的可爱形象，曾经深深印在世界人民的脑海里。这只大熊猫叫“巴斯”，是1990年北京亚运会的吉祥物熊猫“盼盼”的原型。

## 大熊猫“巴斯”

20世纪80年代初，四川大熊猫栖息地的竹林大面积开花，数百只野生熊猫病死、饿死。“巴斯”在这次灾难中幸运地被人救下。

1984年2月22日下午，家住宝兴县永富乡永和村的李兴玉和邻居上山砍柴，途经巴斯沟时，突然看到激流中有一只大熊猫正在挣扎。“它看上去已经筋疲力尽。我们赶到河边的时候，它已经任由河水冲到中央，卡在两块大石头中间。”

李兴玉解下捆柴的绳子，一头拴在自己身上，一头拴在树上，然后下河救熊猫。邻居则飞快回家喊来母亲，母子俩紧拉住绳子一头，防止李兴玉被河水冲走。

几经努力，李兴玉终于从冰冷的河水中救出了大熊猫。“上岸后我摸了它的鼻子，发现它还有微弱的呼吸，于是就点燃柴火，把它放在火边取暖。”渐渐地，大熊猫苏醒过来，有气无力地看着解救它的人们。李兴玉为熊猫拿来红糖和玉米面。见大熊猫清醒过来了，赶紧煮了一大碗玉米糊拿给它。

一只野生大熊猫哪能轻易吃人类给它的食物，“我就轻轻拍它的脑袋，给它说吃了才有力气回山上嘛！”李兴玉说，这只大熊猫很有灵性，“就像听得懂我说的话，后来张开了口，把一大碗玉米糊糊吃了个底朝天”。

这只大熊猫很快就被送到位于宝兴的蜂桶寨自然保护区，因为是从巴斯河救出来的，所以取名“巴斯”。“巴斯”是一只4岁左右的雌性大熊猫，身体很健康。只不过当地箭竹开花，“巴斯”也许是因饥饿下山觅食，在涉水过河时才不小心被激流冲走。

在蜂桶寨住了几个月后，“巴斯”被送到卧龙的保护大熊猫研究中心。1985年，经林业部调配，“巴斯”来到福建省福州市动物园。后来工作人员发现“巴斯”对音乐特别敏感，开始有意识地培养它各种学习能力。在这里，“巴斯”学会了蹬车、举重、晃板等20多项表演技能，一举成为动物园的明星。

# “巴斯”摇身一变成“盼盼”

1987年7月至次年2月，“巴斯”作为“友谊天使”出访美国圣地亚哥市，这位动物界的“天皇巨星”很快红到美国。在200天对外展出的日子里，这座城市沸腾了。

当年曾陪同出访的海峡（福州）大熊猫研究交流中心主任陈玉村回忆：“半年多时间，居然有250万至300万美国人前往参观，每天排队购票的长龙有 1 公里长，而为了看到它3分钟的表演，总共得排队5个小时。”一位美国老太太竟然现场填写了一张10万美元的支票，高喊要给“巴斯”捐款，从而获得提前进入的机会。“巴斯”离开美国的那天，沿途200多公里都是送别的美国人。

1990年，中国首次举办亚运会。“巴斯”凭借自己的表演才能脱颖而

“巴斯”与“熊猫爸爸”陈玉村

1990年北京亚运会，大熊猫“巴斯”成为吉祥物“盼盼”的原型

出，成为亚运会吉祥物“盼盼”原型，即使亚运冠军想和“巴斯”合影都得先审批。

携借“盼盼”之势，“巴斯”走上了1991年中央电视台春晚舞台，表演了投篮、举重等几个体育动作，惟妙惟肖。“巴斯”还蹲在椅子上拿起电话“说”：“四川的亲人你们好，我在福州生活得很好，请家乡父老乡亲放心。祝四川家乡人民新年快乐！”

那年春晚以后，以“盼盼”命名的防盗门、玩具、火柴等，也如大熊猫一样风靡全国。

“巴斯”的聪颖固然可爱，但它以“百岁”高龄屡战病魔，更让人怜惜。“巴斯”一生经历了3次“死里逃生”。第一次是从巴斯河被救起。而另外两次，先是因高血压导致血管破裂，后又因急性胰腺炎生病垂危，幸亏它意志坚强，又得科研人员正确救治，才从鬼门关逃了出来。

1996年，16岁左右的“巴斯”患上白内障。为了让它重见光明，医疗队为它做了白内障摘除手术。在此之前，还没有熊猫做过这种眼科手术。由于不知道熊猫的晶状体大小，谁也不敢保证手术一定成功。幸运的是，一周以后，“巴斯”完全康复。

2001年，工作人员在给“巴斯”检查的时候，发现它的血压比年轻时高了3倍，随时有可能血管破裂。2002年，“巴斯”被送到福州市外的一个山庄避暑。几天后的一个晚上，工作人员发现“巴斯”昏迷不醒，血流满地，医疗队整整救了一个星期，都以为它挺不过来了，甚至已经开始通知医院为它做尸检，没想到第八天后，‘巴斯’醒了过来。

更危险的状况出现在2010年“巴斯”30岁那年。那时的它已相当于人类百岁以上。6月1日，“巴斯”昏倒在地。工作人员以为这是因为年龄太大导致的状况，为它进行了输液。然而三四天以后，“巴斯”仍旧没有好转，并且出现了贫血症状，后来又陷入昏迷。

考虑到它的症状和急性胰腺炎极为相似，医疗队尝试采取救助措施，奇迹居然出现了。6月8日，“巴斯”醒了过来，挣扎着走出了房间……那一刻，所有参与救治“巴斯”的专家和医护人员，无不热泪盈眶。

然而，渐渐老去的“巴斯”显然不可能再有年轻时的精力。它吃一顿饭，要花半小时左右的时间，眼睛也是越来越花，饲养员不得不靠击掌来帮它明确方向，并且在它进食后引导它到户外行走健身。

2017年6月初，37岁的大熊猫“巴斯”因肝硬化、肾衰竭、年老体弱，出现多种病症。海峡（福州）大熊猫研究交流中心、福州总医院的专家多次会诊，对大熊猫“巴斯”进行全力抢救，千方百计地抢救、延长“巴斯”的生命。

2017年9月13日，“巴斯”去世，走完传奇一生。

## PART 02
# “三脚大熊猫”的精彩‘熊生’

2001年早春二月，川西宝兴县夹金山上呵气成冰，海拔2000多米锅巴岩附近的修路工人刚吃过午饭正准备上工，忽然听见远处传来几声凄惨哀鸣，接着又是“啪”的一声响，“什么东西掉到崖下了？”“不好！那叫声该是大熊猫吧……”曾听闻过大熊猫叫声的民工瞬间醒悟过来。

他们旋即放下修路工具，沿陡峭的山路，攀着灌木丛林至崖边向下探头一看：一只大熊猫幼仔直挺挺地躺在崖下的公路上一动不动。众人慌忙跑下山来，只见它耳、尾、四肢都有大面积创伤，生命垂危。正当众人准备将它送到蜂桶寨自然保护区时，奄奄一息的大熊猫突然醒来，乘人不备夺路而逃，一头钻进山间丛林消失得无影无踪。

寒风中夹杂着雨雪，这只浑身受伤的大熊猫幼仔在荒山野岭中即使不会遇到其他动物的侵害，在如此恶劣的天气下也难以生存下来。接到通知后，一支由蜂桶寨自然保护区管理局工作人员、派出所民警、民工及周围村民们组成的临时搜寻队开始在大熊猫逃逸的山林间进行拉网式搜索。

直到第二天上午10点左右，队员才在半山腰的一棵油松树上发现了大熊猫。受伤的大熊猫正用前肢抱着头，躲在树上瑟瑟发抖。

这棵油松左边是悬崖，右边是荆棘丛，队员们先是用一张大网将油松四周罩严实，随后爬上树将这只几乎冻僵，没有反抗能力的大熊猫抱了下来。当时它身上流出的血都凝结成鲜红的冰珠。事后医生说，如果晚一会儿，或许它就冻死在树上了。

这只仅有35公斤重、大约两岁的雄性大熊猫幼仔全身有多处撕裂伤痕，右耳被咬碎成10多块，缺损面达三分之二，右后腿、尾部均有较大面积被咬伤，估计是在与豺、豹等猛兽殊死搏斗后坠崖。宝兴县人民医院医生即刻对它进行救治，之后转送至四川农业大学动物医院。

四川农业大学抢救小组诊断后发现，受伤大熊猫左后肢已严重感染化脓，胫骨露出两三厘米，受伤尾巴和耳朵因发炎后瘙痒难忍，已被它用爪子再次抓烂，从 X 光片中还可清晰地看到它左后肢腓骨已完全骨折，创口深约六七厘米并且开始腐烂。专家小组反复会诊，认为若不进行截肢手术治疗必然会危及大熊猫的生命安全。

手术十分顺利，医生从它截下来的左后肢进行解剖时发现，发炎的骨头中间还缺了一大块，估计是大熊猫伤痛难忍，自己啃掉的，连肌腱也完全咬断。一个多月的精心调养，大熊猫的伤口逐渐愈合，各项生命指标完全正常，终于脱离了生命危险，但这只“三脚熊猫”在野外独立生存能力已大大减弱，需要终生人工饲养。蜂桶寨国家级自然保护区为康复的它起了个洋气的名字“戴丽”，后改名为“戴立”。

2003 年年底，“戴立”乔迁新居，独门独院的兽舍足有 5700 平方米。刚来时它只有 57 公斤，体重明显偏轻，像个发育不良的少年，后来慢慢长到了 90 多公斤，虽然比同龄大熊猫还偏瘦些，但对于受过严重创伤的它来说已经很不错了。

调整兽舍，给“戴立”的房内安排了个新伙伴，哪知它举掌便打，管

三条腿的戴丽跑起来了

费翔看望大熊猫戴立

理员赶紧将其分开，细细观察发现，原来已满18岁的小伙子“戴立”，得了“相思病”，它总是喜欢在一个地方“登高望远”，那是隔壁“三号院”的大熊猫“月月”，但“月月”还芳龄未满……

截掉左后肢的“戴立”不能爬树，自然也不能进行自然繁殖，管理员看着它痴情的模样心生爱怜，通过人工取精的方式，希望能繁殖出具有“戴立”基因的后代，以促进大熊猫圈养种群遗传结构的改善。

后来，歌星费翔听闻“戴立”的故事，或许感动于人们对大熊猫的救助行为，也或许感慨于“戴立”曾经所遭遇的坎坷，他认养了这个“干儿子”，并为“戴立”取小名为“翔翔”，一个“翔”字表明了他与它的关联度，也代表着他对“戴立”的祝福：虽然是只三脚猫，但能健康愉快地生活着，就是一种“飞翔”……

## 农家来了一只“三脚猫”

无独有偶，在夹金山上，还有一只获救后发现少了脚掌的大熊猫。

2005年12月初，夹金山下的宝兴县气温骤降，雪花飞舞，宝兴县中坝乡紫云村的一个废弃砖瓦窑内躲进了一只大熊猫。村民立刻给蜂桶寨自然保护区管理局打电话。保护区中坝管护站接到通知后，立刻赶来。根据以往经验，大雪天往山下走的熊猫往往都是老弱病残者，它们试图到人住的地方寻找食物。想尽各种办法，大家才把这只大熊猫关入铁笼，连夜送回大水沟保护站。

这只71公斤重，年龄估计在10岁左右的雄性大熊猫耳朵有缺损，鼻

大熊猫紫云

梁上也有陈旧伤痕。雌性大熊猫发情时，雄性大熊猫为争夺交配权要相互争斗，只有胜者才能独享爱情，而争斗时最容易受伤的就是面部，看来这只大熊猫也曾为爱情负过伤。然而令人惊讶的是，它的左后腿竟然没有脚掌，是先天缺失还是后天伤害致残？如果是先天缺失，10多年它是怎么走过来的？如果是伤害致残，又是受到什么伤害？考虑到这只大熊猫的现状，保护站决定暂不将它放回山野，还给它取了个好听名字："紫云"。

刚开始圈养时，"紫云"很不适应，胃口不好、活动也少，甚至有点闹情绪。为能让它尽快恢复食欲，工作人员在用玉米、竹粉、黄豆、鸡蛋、大米做成的窝窝头里还特别加了些维生素、抗生素，每天都配有上等竹子，让它渐渐胃口大开，比起山里的风餐露宿，"紫云"过上了饭来张口、竹来伸手的幸福日子……适应了新生活的它只要一走出圈舍，就喜欢爬木架、玩塑料球，虽然腿脚依旧有些不灵便，但丝毫不减玩乐的兴致。

## PART 03
# 家住秦岭的棕色大熊猫

1869年，法国博物学家阿尔芒·戴维在四川雅安市宝兴县发现了大熊猫。95年后，北京大学教授郑光美在《动物学杂志》发表了一篇短文《秦岭南麓发现大熊猫》：

“1960年5月28日北京师范大学生物系师生在秦岭考察时，在陕西省西南部洋县药坝供销社见到一刚收购不久的新鲜的大熊猫皮张，并了解谇县大古坪地区一猎民于竹林中所击获，后偕同该猎民找回遗存的部分颅骨和下颌骨……根据以往大熊猫分布范围记载，只限于四川西部、北部的山区及甘肃最南文县境内。而秦岭南麓从未有过记录。因此，这一发现，扩大了大熊猫的分布范围。”

## 秦岭的“彩色大熊猫”

秦岭是中国地理标识，是我国南北地理、气候的分界线，也是植物区系的南北交汇地，动物地理上东洋界和古北界的过渡带，特殊的地理位置

ᐳᐸ 秦岭翠华山

和自然环境，孕育了丰富而独特的野生动植物资源，是名副其实的“动植物天堂”。秦岭的崇山峻岭、广袤林海、清澈山泉和绿色竹林，为大熊猫提供了优越的生存环境和食物资源，成就了大熊猫地缘分布最北的天然乐土。秦岭不仅有大熊猫，而且还有独一无二的棕色大熊猫。

1985年3月26日，秦岭大熊猫研究专家雍严格和北京大学生物系的潘文石等一行，从三官庙保护站出发，沿着东河前往下游10公里外的大古坪保护站，他们被告知，发现了一只“红熊猫”！

潘文石等人激动不已，快步赶到河边，只见一只大熊猫卧在竹丛中，闭着眼睛趴在那里一动不动。当人走近时，大熊猫仅微微睁开眼睛看一下后就又闭上了，精神非常萎靡。它的眼圈、耳朵、四肢、肩带等应是黑毛的部分全是棕红色毛。在阳光下，棕毛和白色毛混为一体，仿佛一团红色的火球。

大熊猫身体非常消瘦，鼻镜干燥发白，附近遗留的少量粪便不仅形小而且附有带血的黑色黏液。由此可以断定：这只大熊猫病了。

保护站的工作人员也闻讯赶来，带来了奶粉、白糖和开水。大家试着给大熊猫用盛饭用的铁勺喂水。大熊猫刚开始并不接受，用前肢拨开铁勺。后来，大家改用卫生纸蘸些白糖水抹在熊猫的嘴唇上，尝到甜味后，大熊猫终于开始从铁勺中舔喝了起来。

经过几个小时的水分补充，大熊猫的精神稍有好转。为了对大熊猫进行更好的治疗，大家将它引入铁笼抬到保护站。两周后，大熊猫很快恢复了健康。

这只棕色大熊猫的发现，一度成为当时国内外媒体争相报道的热点新闻，甚至被称作是继秦始皇兵马俑之后世界第八大奇迹。潘文石教授给其取名为“单丹”，寓意体色特征独一无二和首次发现，后被大家昵称为“丹丹”。

“丹丹”最终被寄养于西安动物园。在这里，“丹丹”与同样来自佛坪三官庙的雄性大熊猫“弯弯”自然交配成功，生育了第一胎，不幸的是胎儿夭折。1989年8月23日，“丹丹”产下第二胎，这是一只黑白相间的雄性幼仔，名叫“秦秦”。

“丹丹”在西安动物园一直生活到30岁左右，2000年9月7日因年老而离世，其形态标本被收藏于秦岭人与自然宣教中心。

## 棕色大熊猫成因之谜

第二次发现棕色大熊猫是1991年6月22日。考察者在秦岭南麓山佛

※ 棕色大熊猫

坪自然保护区在海拔2700米的光头山主脊考察动物时，忽然从岩石下方的箭竹林中传来响声，不一会儿只见一只黑白色的成年大熊猫带着一只体重约20公斤的棕色熊猫小仔，穿过林间空地向另一片竹林走去。从体型上看，这只棕色熊猫接近1岁。

发现者赶快端起相机，抓拍到它们的照片。这是人类第一次记录下棕色大熊猫野外活动的影像，而且也是“棕色大熊猫是黑白色正常大熊猫所生育”的例证。

第三只棕色大熊猫是在长青林业局发现的。1992年3月，长青林业局工作人员和北京大学科研人员在洋县华阳柏杨坪柴家沟观察大熊猫发情争偶时，突然看见不远处的一棵树上趴着一只大熊猫，树下也有一只大熊猫正跃跃欲试，还不时向树上发出吼叫声。

等他们靠近时，树下的大熊猫被吓跑了。树上那只肩膀受伤的大熊猫是棕色的，可能是在和其他大熊猫打架时受伤的。考虑到棕色大熊猫的安全，兽医在其他人的协助下，对其实施了麻醉，然后带回进行救治。这只棕色大熊猫为雌性，年龄约为18岁。5天后，大熊猫佩戴着由北京大学大熊猫研究小组监控的无线电颈圈回到了野外。

第四只棕色大熊猫发现时间是1993年4月，佛坪自然保护区的科研人员在秦岭南坡海拔2500米的野猪档发现3只大熊猫为争偶打斗，其中有一只棕色成年大熊猫。可惜当时的两名观察人员没带相机，未能拍照。

第五只是2000年4月在佛坪自然保护区三官庙村的左家坪发现的。一只棕色大熊猫下河喝完水，过路时被在地里干活的6名村民发现并围观，大熊猫进入坡后的竹林离去。

5年后，佛坪自然保护区科研人员开展大熊猫野外监测调查时，在西河付家湾一处石洞中发现了一只棕色大熊猫，它正在为小仔哺乳。未带相机的他们第二天带上相机再次赶到时，由于前一天的惊扰，大熊猫已经搬离了巢穴。

第七只就是赫赫有名的棕色大熊猫明星“七仔”。2009年11月1日，佛坪自然保护区工作人员在三官庙牌坊沟发现一只棕色大熊猫幼仔，不到两个月大，体重约两公斤，尚未睁眼，也不会爬动。它身上长着棕色的毛，已经饿得奄奄一息。在被送到陕西省珍稀野生动物抢救饲养研究中心后，大熊猫幼崽进食了储存的大熊猫母乳，很快便恢复了状态。因为它长得很像电影《长江七号》里的“七仔”，工作人员就也给其取名“七仔”。如今，“七仔”的体型、体重和习性都与其他正常大熊猫一样，它也成为目前世界上唯一一只能让人类近距离观看和研究的棕色大熊猫实体。

第八只棕色大熊猫是红外相机拍摄到的。2013年1月22日下午3时05

分，在陕西太白黄柏源保护区辖区的小南沟太阳湾安装的两台红外相机，成功拍摄到了两只大熊猫，其中一只就是非常罕见的棕色大熊猫。从在野生状态下红外相机记录到的连续50多张影像清晰的图片中可以看到，棕色大熊猫先是从竹林中钻出，好奇地嗅闻岩石上面的气味，在打量了一番红外相机后，便从红外相机跟前近距离经过，后又转身攀爬着岩石进入竹林离开，整个过程持续时间约为2分钟。

为什么在秦岭频现这种棕色大熊猫？秦岭棕色大熊猫到底有多少只，是不是独立的种群？至今仍然是个谜。

目前，全球唯一人工圈养的棕色大熊猫“七仔”健康生活在陕西省林业科学院秦岭大熊猫繁育研究中心。“七仔”已到了当父亲的年龄，它的后代是否能保持独特的棕色基因，牵动着世人的心。

据全国第四次大熊猫调查结果显示，陕西秦岭地区野外大熊猫种群数量稳步增长，已达345只，其种群数量年均增长率为2.37%，密度、增幅为全国第一。

## PART 04
# “英雄父亲”：大熊猫“盼盼”的故事

全球年龄最大的雄性大熊猫“盼盼”于2016年12月28日4时50分离世，享年31岁，相当于人类百岁高龄。大熊猫“盼盼”的后代约占全球圈养大熊猫种群近四分之一，现存血缘后代130余只，有网友称：大熊猫“盼盼”以一己之力挽救了整个种族。

## 被遗弃的“帅小伙”大熊猫

从事大熊猫野外保护一辈子的崔学振，有一本“私家笔记”，里面记录着从20世纪80年代以来，经他和同事之手从野外抢救的50多只大熊猫的情况，堪称一部夹金山保护大熊猫的“熊猫档案”。

“盼盼”的老家在雅安，是四川省蜂桶寨自然保护区从野外抢救回来的大熊猫遗孤。当时夹金山的箭竹大面积开花，宝兴县政府和管理处组织了大量的巡护人员上山抢救大熊猫时，发现了这只身上长满了疮的大熊猫幼仔。经过一个昼夜的暗中观察，工作人员没有发现周围有成年年大熊猫活

熊猫盼盼过 31 岁生日

动的踪迹，大家由此确定它是一只被遗弃的大熊猫幼仔，于是把它抱回保护区。经过精心照料，大熊猫幼仔慢慢健壮起来，成为一个“帅小伙儿”。

1990年9月至1991年1月，“盼盼”还以“新兴”的名字，与“安安”一起成为文化使者，“出访”新加坡。这是中国大熊猫首次在东南亚地区展出，在三个多月的展出中，游客达到了45万。

“盼盼”在蜂桶寨保护区大熊猫临时救助站生活了4年多，1991年5月4日，正值青春年少的大熊猫“盼盼”离开了蜂桶寨，来到与夹金山一山之隔的卧龙自然保护区大熊猫研究中心。

# 改写大熊猫人工繁育史的“盼盼”

20世纪60年代，北京动物园最早尝试大熊猫人工育幼，没有吃到母乳的大熊猫幼仔对疾病的免疫力非常差，容易患呼吸道和消化道疾病夭折。位于卧龙自然保护区的中国保护大熊猫研究中心成立于1983年。科研人员看中了体格健壮、相貌英俊的“盼盼”。当时全世界只有4只能自然交配的雄性大熊猫，“盼盼”就是其中之一。“盼盼”不负众望，当年与大熊猫“冬冬”配对，就当上了父亲，长女“白云”的诞生，改写了卧龙十年无大熊猫人工繁育成功的历史。

1991年9月7日，大熊猫“白云”出生于卧龙保护大熊猫研究中心，1996年9月10日，被送到美国圣地亚哥动物园。“白云”是卧龙第一个成活、并进入繁殖的子一代，开创了全人工哺育大熊猫幼仔的新篇章。

大熊猫“高高”和“盼盼”的出生地一样，也是在宝兴县的夹金山中。1993年4月6日，人们在野外发现了这只与母亲走散的幼仔，当时，“高高”仅有1岁左右，被人发现时身负重伤，血流满面，一只耳朵几乎被撕掉。经过蜂桶寨自然保护区工作人员救治后，“高高”被送往卧龙大熊猫研究中心生活。后来，“高高”成为“盼盼”的女婿，与“白云”一直飘到了海外，先后生下了“华美”“美生”“苏琳”“珍珍”。

“华美”是第一位在海外出生的中国大熊猫。当时中国驻美大使李肇星亲自给它起名“华美”（意为中国与美国）。它是一位英雄的母亲，共生有三胎六仔，其中赠台大熊猫“团团”是它的儿子。

在“盼盼”家族中，而最具“明星”范儿的海归大熊猫“泰山”，是“盼盼”的孙子。“泰山”出生在美国，有22万美国人参与了为它的取名活动；全球首只野外放归的大熊猫“祥祥”，也是“盼盼”的孙子……

作为五世同堂的“熊猫祖祖”，在过去20年里，“盼盼”的基因占领了人类圈养大熊猫的“半壁江山”，有超过130只的后代，约占全球圈养大熊猫的四分之一，形成了庞大的“盼盼家族”。

“祝你生日快乐，祝你生日快乐……”2015年9月21日，“盼盼”在中国保护大熊猫研究中心都江堰基地迎来了30岁生日。当天上午，中国保护大熊猫研究中心的工作人员为“盼盼”举行了一场生日活动。相当于人类100多岁的“盼盼”在众人的祝福中缓缓走进圈舍，舔食铺满胡萝卜的“冰蛋糕”。

## “盼盼”走了，但它的传奇故事还在流传

“5·12”汶川特大地震后，中国保护大熊猫研究中心在成都都江堰基地建立了“大熊猫养老院”，在开展大熊猫疾病防控与科研工作的同时，负责年老、生病大熊猫的饲养管理和医疗保健，让年老大熊猫安享晚年。游客可以近距离观赏到至少20多只老年大熊猫的休闲生活，也会看到长寿明星大熊猫“盼盼”的身影。

刚到“大熊猫养老院”时，百岁“盼盼”身体尚好，牙齿脱落不多，每天活动5个小时左右，食量不错，每天仍能进食7至10公斤食物，相当于人类每餐吃两碗米饭，主要以竹叶、嫩竹笋为主。

然而，“盼盼”终究年事已高。从2015年初，工作人员就开始给它补充氨素营养液等促进肠胃消化的药物，帮助消化。疾病也正在一点一点地侵蚀着“盼盼”的身体，白内障和牙齿退化已经给它的日常活动带来了困难。

× 大熊猫盼盼

× 大熊猫盼盼

不过，“盼盼”仍然保持着一定的活力，与病魔抗争。2016年9月1日，“盼盼”迎来了31岁生日。在工作人员精心筹备的生日派对上，“盼盼”精神矍铄，一口咬掉了生日蛋糕上的年龄数字31。11月初，“盼盼”被发现腹围明显增加，血常规检查显示多项生理指标异常。在接受麻醉检查，CT扫描后，医生在“盼盼”的腹腔内发现了巨大软组织密度肿块，疑为肿瘤占位性病变。由于长期老年病缠身，“盼盼”的牙齿磨损严重、白内障、抵抗力下降……身体素质已不适合手术治疗，只得采取保守治疗。

在“盼盼”最后的日子里，它住在环境更幽静的特殊病房，也不对外开放，有专人照料。除了对“盼盼”进行特殊照顾，还在房间安装了加热器，并从省外空运来了“盼盼”爱吃的雷竹笋。

“盼盼”身体健康状况日渐转差，食欲、活动状况时好时坏。辞世前3日，“盼盼”健康状况急剧恶化，意识不清，虽然医护人员竭力抢救，但终究敌不过自然规律，“盼盼”于2016年12月28日4时50分离世。

崔学振在“私家笔记”上记下了这句话——“虽然‘盼盼’走了，但我们并不孤独，因为它的传奇故事还在流传，它的子孙正陪伴在我们的身边。”

## PART 05
# 大熊猫的爱情马拉松

1992 年春暖花开时，上海动物园的帅哥大熊猫“川川”再次来到重庆动物园。上一年，“川川”曾来过，相了几个“熊猫姑娘”均不中意，而这一次，“他”遇见了“她”。

“新星”的铭牌上写有它的来处，“1983年4月，从四川宝兴县来重庆动物园安家。”当时，它只有半岁左右，是一个来自野外的漂亮丫头，人见人爱。

所谓“门当户对”的道理，在“川川”和“新星”身上得到印证：它们都来自同一个地方——四川宝兴县野外，年幼离家，身在异乡，“哥哥”大“妹妹”1岁，“乡音”就是它们的共同语言，两只大熊猫“一见钟情”“你侬我侬”，这让两方动物园的“家长”们深深松了一口气。要知道，雌雄大熊猫相亲，看不上眼继而大打出手是常有的事。更让双方“家长”欣喜的是，“川川”和“新星”完全不像在人工饲养环境下长大的大熊猫，它们一见面就很亲热，当年8月即得一子。

## 打着飞的来见你

自此，每年春节后，“川川”都会“打飞的”来渝住上几个月甚至半年。两只大熊猫一见面就激动不已，在院内嬉戏打闹，像久别重逢的恋人般开心……每到它们暂时分开睡时，“新星”和“川川”都会依依不舍，不愿进笼舍，各自睡在院墙小门两边，透过铁栏，一定要让彼此在对方的视线里。快到发情期，“新星”会天天跑到小门边张望许久，看不到“川川”就开始大声吼叫，茶饭不思、魂不守舍，直至“川川”出现。

其实，大熊猫并非专情的动物。在野外，雄性大熊猫为争夺与雌性大熊猫的交配权，往往是生死相搏，唯有胜出者才能拥有优先交配权。交配后，雄性大熊猫就会扬长而去，怀孕、生育、抚养下一代的“重任”，全部由雌性大熊猫完成。但“川川”和“新星”对“爱情”的忠贞令人动容。

2020 年，大熊猫“新星”的 38 岁生日

1996年春天，上海动物园为了让“川川”的优良基因得到更好遗传，又为它找了一位配偶“竹囡”，哪知“川川”步入“洞房”后，对年轻貌美的“新娘子”毫无兴趣。等到再飞赴重庆与“新星”相见时便欣喜万分。2010年，“川川”过世，在它有限的远游经历中，除了从宝兴老家到上海外，其余全部是飞重庆约会“新星”。

2008年初春，熊猫发情季，卧龙的大熊猫“亮亮”来渝“相亲”，这个106公斤重的8岁“小伙子”正值壮年，被安排在“川川”所住的笼舍与“新星”相亲。没想到，面对热情似火扑过来就想亲热的“亮亮”，“新星”毫不动容，最后，两只大熊猫大打出手，“新星”右后肢被咬出四个牙洞，左后肢被咬出两个牙洞，前右肢也有擦伤。

清创完毕，无法走动的“新星”就趴在舍门外，将身子挪至院内小木拱桥边的青石台下。木拱桥是当年“新星”与“川川”一起玩耍的地方，青石台则是“川川”原来偶尔会在上面打瞌睡的地方。

## 爱情“马拉松”结硕果

如今小院依旧，却已物是熊猫非。这里现在的“主人”是“新星”的儿子“灵灵”。

“新星”和“川川”在大熊猫界长达近10年（相当于人类三四十年）的爱情“马拉松”中，共生育存活了5个子女，让来自大熊猫故乡的野外纯正基因成功得以延续。“新星”的生育能力在大熊猫界也堪称奇迹，它还曾于20岁（相当于人类50多岁）产下一对活体双胞胎，刷新了高龄大熊猫产仔新纪录。

子又生孙，孙又生子，“新星”缔造出熊猫界一个庞大的世家。截至2016年底，它的后代共114只，存活90只，其中子辈10只，孙辈42只，曾孙辈62只，后代遍及上海、广州、雅安、成都、台北、香港、澳门，还有出国留洋的，加拿大、美国、日本等地都有它的后裔。其中不乏“团团”（赠台大熊猫）、“二顺”（旅加大熊猫）、“好奇”（获诺贝尔奖得主丁肇中教授命名）这样的明星大熊猫。

如今的“新星”已是“五世同堂”的老祖母，留在它身边的只有大女儿“川星”，剩下的几个子女，除不满两岁就夭折的“聪聪”外，其余都在中国大熊猫保护机构中，而它们的“孙”和“重孙”辈，则遍及世界各地。

已经高龄的“新星”鼻头和眼圈渐渐褪色，黑眼圈差不多已成灰眼圈，颈部毛发严重脱落，浑身毛色也没有那样黑白分明，下门牙掉了两颗，边上的两颗也都缺失了半截，原来最喜欢的竹子现在每天啃不到1根，只能靠左右两腮的犬齿慢慢咀嚼竹笋。这个来自雅安宝兴大山深处的漂亮姑娘彻底老了。尽管每月的体检结果显示它仍是一只健康状况良好的大熊猫，体重始终保持在92～96公斤，能吃能睡，但衰老，依然在它身上留下不可逆的印记。

1982年出生的“新星”是目前存活年龄最大的大熊猫。在“新星”的“夕阳红”里，保育员往往是“顺”着它的习惯，只要它健康快乐地生活着，每一天都是好日子！

2020年8月16日，重庆动物园为大熊猫“新星”举办38岁生日庆典活动。“新星”成为现存最年长的圈养大熊猫。

## PART 06
# 跨越海峡两岸的团圆使者

2004年8月31日、9月1日，两只大熊猫宝宝先后在四川卧龙出生了，它们就是“圆圆”和“团团”。后来，它们从32只大熊猫宝宝中脱颖而出，成为中国政府赠送台湾的一对大熊猫。

## “团团”“圆圆”跨越台湾海峡

“团团”的妈妈叫“华美”，是“盼盼”的外孙女，出生在美国，名字还是当时的中国驻美国大使李肇星取的。“华美”是全球首只出生在海外且回到故乡的大熊猫。回到卧龙前已是家喻户晓的“美国公主”。

“团团”的爷爷奶奶则是大熊猫界难得的痴情种：“川川”和“新星”。“圆圆”的妈妈“雷雷”，是一只断掌大熊猫。1992年在凉山州雷波县麻咪泽被发现时，它已奄奄一息，一只手掌被竹子扎破，伤口已严重感染，医生不得不为它做了截肢手术。它先在成都动物园住了3年，然而才到卧龙结婚生子。

赠台大熊猫团团、圆圆

“圆圆”的奶奶是著名的“逃跑新娘”——白雪。1993年10月被救助于陕西省宝鸡市太白县。1994年9月，它在苏州展出期间出逃“躲猫猫”，消失81天后被人们捉回。2001年5月7日，“白雪”在卧龙再次“出逃”，4年后，因被一根锋利的骨刺刺入牙床，导致口腔溃烂，“白雪”只得“回家”求助。

2008年汶川大地震让卧龙成为废墟，劫后余生的“团团”“圆圆”被转移到了雅安。2008年12月23日，大熊猫“团团”“圆圆”从雅安到了台湾，台湾民众期待团团圆圆“早生贵子”。

动物园为“团团”“圆圆”的饮食中逐渐加入一定比例的台湾竹子，没过多久，它们就完全适应了台湾竹子的味道。8月31日、9月1日，分别是大熊猫“圆圆”“团团”的生日，自然也成了木栅动物园的纪念日；春节、情人节、端午节……熊猫馆的工作人员都会和它俩一起过节。

为了让两个宝贝过上不一样的节日，保育员精心设计出了很多有创意的新鲜食品：竹子冰、水果冰、竹笋冰；红萝卜灯笼、苹果汤圆；麻竹叶粽子……每一种饱含爱心的食物都得到了“团团”“圆圆”的“认可”，每当有新鲜食物出现，两个宝贝总会比较新奇，胃口大开、食欲大增。

大熊猫5至7岁进入性成熟期，成年的大熊猫“团团”“圆圆”心理变化也逐渐显现，和人类一样，母熊猫发育比公熊猫早一些，年长一天的姐姐“圆圆”已经出现了明显的发情症状。蹭皮、泡水和不停地去骚扰“团团”，还因为食欲不佳而体重有所减轻。真可谓“为伊消得猫憔悴”，可惜当时“团团”还是一个“青涩小子”，贪玩的它不解风情，不懂“圆圆”的意思。

## “圆仔”圆了海峡两岸梦

看着发情的“圆圆”主动求爱，动物园的保育员和专家惊喜不已，然而“团团”十分漠然，“圆圆”生理成熟征兆十分明显，对异性产生了兴趣，现在要紧的是等待“团团”长大。

为了让团团圆圆“早生贵子”，木栅动物园开始紧锣密鼓为“团团”“圆圆”展开“爱情”特训了，借鉴四川训练大熊猫的经验，饲养员将早餐悬挂在木架上，让大熊猫撑起后腿、挺起腰杆才能进食，利用攀爬或站立的训练，来训练大熊猫腿部的力量。

“团团”“圆圆”从小一块长大，为了让它们彼此有新鲜感，两只大熊猫每天隔着栅栏“比邻而居”，让它们若即若离，“距离产生美”。2013年春，“团团”“圆圆”终于“圆房”，当年7月，“圆圆”产下首只大熊猫幼崽“圆仔”。

2018年7月6日，两个生日蛋糕，五幅大型海报，翘首期盼的粉丝，严阵以待的保安，俨然“巨星”即将出场的场景。但主角并非某位名人，而是一只憨态可掬的大熊猫。台北木栅动物园为大熊猫“团团”“圆圆”的孩子“圆仔”庆祝5 周岁生日，吸引了众多台湾民众前来“共襄盛举”。

“圆仔”在爸爸“团团”的陪同下现身。在众多摄像机和手机的聚焦下，“圆仔”站上一个较高的平台，不断去触碰挂在天花板上印有自己照片的海报，憨厚模样不时引发观众的笑声。“团团”则在一旁悠闲地吃着竹子。

这可爱的“一家三口”在台湾的“人气”更旺了。不仅大熊猫馆总是动物园里最热闹的，而且各类大熊猫主题文创产品层出不穷、常年热销。

2020年6月28日，“圆圆”再添一“女”，7岁的“圆仔”有了一个小妹妹。

## PART 07
# 人工繁育大熊猫

大熊猫繁育难，在人工饲养条件下尤其难。

1963年4月，“皮皮”和“莉莉”两只来自四川省宝兴县的野生大熊猫在北京动物园进行自然繁殖。此后两位专家开始对“莉莉”进行专门管理和专题研究。9月初，“莉莉”食欲不振，且行为反常。专家们虽然精心照料，却偏偏错过了观察分娩过程的机会。

9月9日，专家们惊奇地发现“莉莉”怀里有一个小“肉团”，他们大感意外。因为之前谁也没有见过初生的大熊猫，都以为像大熊猫这样体型庞大的动物，幼仔应该有数公斤重。然而他们看到的却是一个像剥了皮的“小老鼠”，通体半透明，重量不过二三两，以至于起初专家们判定是流产或早产。

只是，“莉莉”抱着“小老鼠”一刻也不放。过了一段时间，“小老鼠”开始动了起来，慢慢地又开始发出叫声，而且越来越洪亮，动作幅度也越来越大，甚至还吃起奶来。

“第一熊猫”繁殖成功，让专家们十分重视，希望它健康的成长，有一个光明的未来，于是给它取名为“明明”。

× 熊猫幼崽

动物园安排人员入驻大熊猫产房，夜间监护熊猫母子，观察记录母子的行为规律，并做投食换水等杂活。“莉莉”的母性很强，将“明明”整日整夜抱在怀中，不停舔舐，将体温传递给宝宝，帮助宝宝血液循环。即使睡觉时，也总是将“明明”身体放在自己的鼻子下面，让呼出的热气使宝宝感到温暖。“莉莉”警惕性很高，陌生人不能接近。“明明”在妈妈的呵护下慢慢长出绒毛，毛色由浅变深，开始遍地爬行。

1985年，“明明”转让到长沙动物园，1989年8月23日去世，终年26岁。

“明明”是首只人工繁育的大熊猫。《北京晚报》还专门刊发了《人工饲养繁殖后代首获成功动物园大熊猫产仔》，并配发了“莉莉”母子图。

## 第一只人工授精繁育成功的大熊猫

北京动物园从1955年开始饲养大熊猫，1963年至1977年的14年中，自然繁育仅10胎，成活7胎。1978年4月下旬，在有关单位的协助下，北京动物园为4只雌性大熊猫进行了人工授精。

在这4只大熊猫中，有一只名叫“涓涓”的大熊猫成功怀孕了。经过130多天的妊娠期，涓涓成功产下两只大熊猫宝宝。其中一仔顺利成活，出生体重达125克；另外一仔则在出生两天后不幸夭折。

1978年9月8日18时左右，北京动物园十三陵饲养场兽舍最后一排东数第三间，“产妇”娟娟斜倚在褥草上，时不时睁开眼睛注视着臂弯里巴掌大的女儿。周围静得出奇，只有一名专职饲养员在圈舍外静静地观察着，其余人都禁止靠近。工作人员为这个新生命起名“元晶”，意为“第一颗晶莹的辰星”。

“元晶”是世界上第一只在圈养环境下人工授精繁育成功的大熊猫。它的诞生成为人工繁育大熊猫的一个里程碑。

2003年12月2日“元晶”去世，享年25岁。大熊猫人工授精技术在北京动物园获得成功以后，相继在中国保护大熊猫研究中心、上野动物园、马德里动物园及成都动物园也获得了成功，为大熊猫的人工繁育做出了重要贡献。

2020年3月3日，是联合国第7个“世界野生动物日”，今年全球主题是“维护地球上所有的生命”，中国主题是“维护全球生命共同体”。国家林业和草原局公布，近年来，中国的大熊猫、朱鹮、亚洲象、藏羚羊等濒危野生动物已扭转持续下降的态势，大熊猫人工繁育种群数量达到600只。人工繁育种群已成为大熊猫“新种群”，有力支持了野外种群的恢复与繁

大熊猫与饲养员

成都大熊猫繁育研究基地的大熊猫宝宝

衍，野生大熊猫种群数量从20世纪80年代的1114只升至1864只。亚洲象种群数量从180头增加到近300头。藏羚羊保护等级从“濒危”降为“近危”，种群数量由不足7.5万头增至30万头以上。朱鹮由最初仅剩的7只增加到野外种群和人工繁育种群总数超过4000只。

第四章

# 守望大熊猫

雪山、溪流，

林海、峡谷……

风景如画的中国西部，是世界唯一的大熊猫栖息地。

人类是地球的主人，但地球的主人不仅只有人类，还有与世无争的大熊猫、与大熊猫伴生的动植物。

# PART 01
# 熊猫的美丽家园

在中国版图上，有一组东西向的群山，组成了横断山脉。

在横断山的东端，有一条界于长江和黄河的狭长绿色走廊，那就是大熊猫走廊带。大熊猫走廊带纵横四川、陕西和甘肃三省，这就是大熊猫的家园。中华人民共和国刚成立，大熊猫和大熊猫栖息地就开始得到保护。

## 中国有多少只野生大熊猫?

1950年7月8日,《人民日报》发布《中央人民政府政务院规定办法保护古迹文物图书及稀有生物》，其中第三条规定："珍贵化石及稀有生物（如四川万县之水杉、松潘之熊猫等）各地人民政府亦应妥为保护，严禁任意采捕。"

随后不久,《大公报》开始在连载"中国的世界第一"，"熊猫"名列其中。选择"中国世界第一的标准，是以中国最大、最先、最多、最好或独有为衡量。意在表明对人类对世界的贡献"。

1953年1月17日，一只野外大熊猫在四川灌县（今四川省都江堰市）玉堂镇被发现，并送到正在筹建中的成都市动物园。该大熊猫是中华人民共和国成立后第一只被救护个体，开启了我国大熊猫救护之路。

从灌县到成都的路程50多公里，当时虽然已通公路，但当地政府没有条件动用车辆，只得靠人力运送。当天，4 个农民用滑竿抬着大熊猫长途跋涉来到成都。这是一只半岁左右的大熊猫，动物园将它安置在一处环境安静的茅草屋中饲养。

半个多月后的 2 月 4 日，大熊猫出现精神萎靡、食欲不振、流鼻涕等异常现象，次日凌晨 1 点 40 分死亡。这只大熊猫在成都动物园只生活了18天，名叫“大新”。

1963 年，四川省设立首批 4 个保护区，汶川县卧龙、平武县五朗、南坪县（后改名为九寨沟县）白河、天全县喇叭河。随后，自然保护区越来越多，截至 2016 年，纵横四川、陕西、甘肃三省的大熊猫自然保护区67个，形成了大熊猫栖息地保护网络体系。受保护的大熊猫栖息地面积达到258万公顷，53.8% 的大熊猫栖息地和 66.8% 的野生大熊猫种群被纳入自然保护区有效保护中。

与此同时，我国还先后进行了4次大熊猫野外调查。

1972年2月21日，美国总统尼克松访华，周恩来总理宣布将来自四川宝兴的大熊猫“玲玲”“兴兴”作为“国礼”赠送给美国人民。打破中美外交的坚冰，“熊猫外交”显示出了不同寻常的意义。此后，访华的各国政要都纷纷表示想要大熊猫。而我国到底有多少只大熊猫，能送多少？没有人能给出准确答案。

于是，国务院召集四川、陕西和甘肃三省座谈，决定弄清野生大熊猫的真正数量。1974年，西华师范大学教授胡锦矗受命组建了一支30人左右

✕ 一只爬树的大熊猫

“占山为王”的大熊猫“领地”有多大？

大熊猫其实是一种独居动物。它们不喜欢自己的领地有同类出现，而它们自己也会尊重彼此的“私人空间”。野生大熊猫的领地范围一般有5平方公里。每一只大熊猫都会通过尾巴下面的腺体分泌出独特的物质来标记领地，其他大熊猫靠近时就可以通过这个信息判断这个领主的性别、年龄、繁殖状态等信息，远比人类的电子设备要强大得多。

的四川省珍稀动物资源调查队，开始了全国第一次大熊猫野外调查研究。

历时4年，一份20多万字的《四川省珍贵动物资源调查报告》出炉，调查行程9万公里，确认野生大熊猫约有2400只。

首次大熊猫野外考察，还促进了大熊猫研究的中外合作。

## 保护大熊猫从未止步

1980年，世界自然基金会（WWF）通过美国驻香港记者南希·纳什与中国方面联系，要求合作开展野生大熊猫研究。美国著名动物学家乔治·夏勒受世界自然基金会委托来到中国，开始大熊猫保护的调查和研究。

夏勒与熊猫专家胡锦矗等中国同事一起，在卧龙建立“中国保护大熊猫研究中心”，首位中心主任胡锦矗，中外专家在卧龙建立起世界上第一个大熊猫野外生态观察站——“五一棚”。在极为艰苦的条件下，在四川的深山竹林里整整坚持了5年的野外科

ㄨ 卧龙自然保护区

考，为人们认识大熊猫，建立保护理念开了先河。

作为“熊猫项目”的成果之一，夏勒将自己 5 年的思考与感触写成《最后的熊猫》一书，这是一本带有科学家个人色彩的科考纪实。

夏勒说，大熊猫是“一个集传奇与现实于一身的物种，一个日常生活中的神兽，跳脱出它高山上的家园，成为世界公民。它是我们为保护环境所付出努力的象征”，“能跟熊猫生活在同一个世界，演化历程发生交错，是我们的运气。”

世界自然基金会在1961年就将大熊猫作为自己的会徽，并发表宣言：“大熊猫不仅是中国人民的宝贵财富，也是全世界珍视的自然历史的宝贵遗产。”

就在中外科学家对大熊猫进行合作保护研究时，一场灾难降临在大熊猫身上——竹子开花了，大熊猫面临“断粮”的威胁。

大熊猫经过几百万年的进化，食物高度依赖竹子，竹子占到了其总食物来源的90%以上，每只大熊猫每天需要食用25公斤的竹子才能获得足够的养分。20世纪80年代初，在四川、陕西、甘肃等大熊猫栖息地就曾出现过竹子成片开花。竹子成片开花后，立即枯萎死亡，要想再次食用，需要十年的生长周期，这对于以此为生的大熊猫无疑是一场灾难。当时，一些野生大熊猫由于缺食而死亡。

从历史上看，竹子开花并不是威胁野生大熊猫种群的主要因素。在与竹子长期的协同进化过程中，熊猫种群其实具备了适应竹子开花的身体机制，那就是迁徙。当大熊猫在其领地内找不到可食用的竹子时，它们会自然迁徙，寻找更合适、更安全的食源。大熊猫因竹子开花而迁徙，与其他种群相融合，也会改善原有种群中近亲繁殖的状况，增强种群的生存能力，提高种群质量。在迁徙中，老弱病残的大熊猫可能会被淘汰，但是等竹林恢复后，大熊猫的种群也会很快恢复，而且种群生存能力会更强。

但残酷的现实并不是如此简单，由于人类的活动，毁林开荒、修公路、建水库……原来连成一片的大熊猫栖息地被人为分割成并不相连的小块片区，如一条纵贯南北的高速公路将原来一大片栖息地从中“剖开”，硬生生地分割成两个小片区，大熊猫过不去了，只得“隔路相望”。

1999年，四川雅安、乐山等地率先禁止伐天然林，随后在全国范围内实施退耕还林，无数人放下斧头，拿起锄头，变砍树人为种树人，山川重新披上了绿装，大熊猫栖息地的“孤岛”“碎片”化得到了有效改善，终于还了大熊猫一个青山绿水的家园。

# 四川大熊猫栖息地

2005年10月1日，一大批中外科学家来到了宝兴县邓池沟天主教堂。领头的是世界自然保护联盟（IUCN）保护地委员会主席，他受联合国教科文组织和世界遗产委员会委托，前来实地考察评估“四川大熊猫栖息地”申报世界自然遗产项目，有趣的是，他也叫戴维，全名叫戴维·谢泊尔。

两个戴维“相聚”在世界首只大熊猫发现地。虽然相隔了100多年，但似乎“隔断”不了他们的交流。如果说前者踏访好奇多于探究，那么后者的考察更多的是评估与确认，而且目标十分明确。

戴维·谢泊尔一行走进戴维陈列室，参观戴维神父生平展览，发黄的照片中，戴维神父身着清代服饰，神情刚毅，目光炯炯，像是思索着夹金山那无尽奥秘。

吃竹笋的大熊猫

肃立戴维神父照片前，三鞠躬后，戴维·谢泊尔说："两个戴维相约百年，我们的共同目标是保护自然和人类的宝贝，让大熊猫永远在栖息地生存，与人类和谐相处。"

2006年7月12日，"四川大熊猫栖息地"被列入《世界自然遗产名录》，这是世界首个以野生动物为保护主体进入世界自然遗产名录的遗产地。

世界自然遗产"四川大熊猫栖息地"承载了太多意义。栖息地的保护是对该地区整个生态环境的，包括大熊猫、人类、动植物和空气、水源。因此，大熊猫栖息地能否保护成功，取决于人类能否实现与大自然的和谐相处。

一部大熊猫自然史，"自然"有它可以追溯的渊源，透过入眼的景观，我们依然能感受自然的视觉盛宴和历史深邃伟大的力量。

## PART 02
# 大熊猫伞状保护下的伴生动植物

“四川大熊猫栖息地”成为世界自然遗产，对野生大熊猫保护，具有里程碑意义。

世界自然保护联盟成立于 1948 年，是世界上规模最大、历史最悠久的全球性非营利环保机构，也是自然环境保护和可持续发展领域唯一作为联合国大会永久观察员的国际组织。各国政府及非政府机构都能参加，总部设在瑞士格朗。其宗旨是保护自然的完整性和多样性，确保自然资源的平衡和可持续发展。

中国作为世界上生物种类最丰富的国家之一，1996年加入该联盟。目前，世界自然保护联盟由近百个国家、上百个政府机构和800多个非政府机构组成，设有6个专家委员会，拥有来自180多个国家的上万名科学家，在全世界自然生态、资源保护中的地位举足轻重。

## 大熊猫成为伞状动物

世界自然遗产“四川大熊猫栖息地”，由世界第一只大熊猫发现地宝兴县及中国四川省境内的卧龙自然保护区等7处自然保护区和青城山—都江堰风景名胜区等9处风景名胜区组成，涵盖成都、阿坝、雅安和甘孜4市州的12个县，面积9245平方公里。它保存的野生大熊猫占全世界30%以上，是全球最大最完整的大熊猫栖息地，是全球温带地区(除热带雨林以外)植物最丰富的区域，被保护国际(CI)选定为全球25个生物多样性热点地区之一，被世界自然基金会(WWF)确定为全球200个生态区之一。

在保护生物学里，有一个概念叫作“伞护种”，是指选择一个覆盖范围广、容易研究、容易追踪的物种建立保护区，在保护这个选定物种的同时，也像伞一样连带保护了整片区域的其他物种。国宝大熊猫就是这样一个合格的“伞护种”。

因为保护大熊猫和保护大熊猫栖息地，那些住在同一地区的动物、植物物种也会得到保护。所以科学家说，大熊猫是一种伞状物种，保护了它的邻居。

从某种意义上来讲，大熊猫为“四川大熊猫栖息地”撑起了一把保护伞，这里有高等植物1万多种，还有金丝猴、羚牛等独有的珍稀物种。此外，美国和英国等国家的学者很早就开始对邛崃山系的生物进行研究，并到实地搜集有关信息，这里一直是全世界知名的生物多样性地区。栖息地的整体保护将有助于改善大熊猫栖息地“破碎化”“岛屿化”现象，扩大熊猫的基因库，也将为今后大熊猫放归野外工作创造有利条件。

2013年5月22日，世界自然基金会（WWF）公布了一组野生大熊猫及其同域分布物种的红外相片和视频。这是基金会首度集中公布此类珍稀物种的影像资料。影像拍摄于四川省的6个自然保护区内，其中包括蜂桶寨自然保护区。2011年至2013年，布设的100余台由WWF提供的红外相机捕捉到了野外大熊猫及其他21个稀有物种的红外影像，包括小熊猫、扭角羚与豹猫等。

## “大熊猫栖息地”的大熊猫和伴生动植物

1963年，四川建立的首批4个自然保护区中，并没有蜂桶寨，因为那时这里属于北京动物园宝兴园林局。

中华人民共和国成立之初，北京动物园几乎一无所有。经过反复考察，最后在东北、云南、西康（1955年撤销后并入四川省）设立了3个野生动物收集站，西康动物收集站就设在宝兴县，对外称“北京动物园宝兴园林局”，主要任务就是捕捉大熊猫，一是用于动物园观赏，二是用于野生动物研究。

从1954年到1975年，北京动物园宝兴园林局先后收集并运走宝兴活体大熊猫78只，另外还有小熊猫、羚牛、雪豹、绿尾虹雉等其他野生动物。除少数大熊猫是当地群众在野外发现并救助而来，大多是北京动物园宝兴园林局组织狩猎捕捉的。

经过精心饲养，捕捉的大熊猫全部成活，陆续送回北京，不仅供北京动物园展出和研究，还向国内其他动物园送去了30多只。而当时的“国礼”大熊猫大多由北京动物园选送，因此宝兴县便成了“国礼”大熊猫的来源之地。宝兴县大熊猫为中国外交做出了特殊贡献——“大熊猫外交”。

“国礼”大熊猫总共24只，其中有17只来自同一个地方——宝兴县。与宝兴县邻近的天全县也有一只大熊猫成为“国礼”。“国礼”大熊猫肩负和平使者使命，漂洋过海，为新生的中华人民共和国敲开了通向世界的大门。大熊猫所到之处，都会刮起一股强劲的“大熊猫旋风”，在很多西方人眼里，大熊猫成了中国的文化符号。

1979年，四川蜂桶寨国家级自然保护区成立。经过40多年的保护，得到休养生息的夹金山，今天依然是野生动植物园的乐园。走进位于夹金山中的蜂桶寨国家级自然保护区，犹如走进了一个野生动植物的天堂。

正因为如此，中国政府申报世界自然遗产名目是“大熊猫栖息地”，而不是“大熊猫”本身，试图通过保护大熊猫栖息地，保护大熊猫和与大熊猫栖息在一起的伴生动植物。

保护区境内地势地貌和独特的气候条件使它成为许多孑遗物种的避难所，中外科学家先后在这片土地上发现并命名了151种动、植物新种(其中植物73种，鸟类38种，动物31种，两栖5种，鱼类3种，昆虫1种)，是全世界少有的天然生物基因库。大山深处，树上的金丝猴、短尾猴，地上的大熊猫、扭角羚，水中的雅鱼、戴维两栖甲，天上的绿尾虹雉、宝兴歌鸫同域分布……

“幸运的是，当一大群虹雉停留在对面山上的时候，一大片云恰巧遮住了我，我连击两枪，一只鸟掉在猎人老李的脚下，他的眼里充满了钦佩，我很得意。时间不允许我再去射猎绿尾虹雉。”

在《戴维日记》中，有对绿尾虹雉的介绍。绿尾虹雉是中国特有大型珍稀雉类，一类保护动物，体大健壮，嘴形向下弯曲，雄鸟有彩色羽冠，羽衣闪着带有金属光泽的绿、紫、蓝色，色彩斑斓有如绚丽的彩虹。因其尾羽蓝绿色，非常漂亮，故称绿尾虹雉，有“国鸟皇后”的美称。

绿尾虹雉

2006年11月15日，中国邮政发行《中国鸟》(第四组)普通邮票1套2枚，其中面值40分的就是绿尾虹雉，从此，隐藏于大山深处的绿尾虹雉通过“国家名片”飞进公众视线。

有“中国鸟人”之称的中科院鸟类专家何芬奇曾手捧着阿尔芒·戴维《中国鸟类》和《戴维日记》来夹金山考察，目标只有一个，那就是100多年过去了，当年阿尔芒·戴维笔下的鸟儿还有多少种在这里飞翔?

在何芬奇眼里，夹金山就是一个“鸟巢”，循着戴维足迹到夹金山观鸟，是人生一大快事。2012年8月，他组织“宝兴模式标本鸟种再发现”活动。

※ 戴维·谢泊尔 考察途中

※ 夹金山

然而天公不作美，观鸟爱好者到宝兴县的当晚，县城背后的冷木沟发生泥石流，泥石俱下，瞬间冲进了县城，县城成了“孤岛”。观鸟爱好者就在“孤岛”中观鸟，仅仅两天的时间里，来自全国各地的观鸟爱好者在宝兴县观测并拍摄鸟种178种，其中就包括绿尾虹雉。

在成都观鸟会的资助下，《中国鸟类观察》2012年第6期成了“雅安—宝兴专辑”：“生活在宝兴县的人是幸福的，每天清晨，他们在鸟儿的欢叫声中醒来。宝兴的天空，最不缺的就是飞翔的鸟儿，单是鸟类模式标本，就有41种产地在宝兴。

夹金山还有很多珍稀植物，如一类保护植物珙桐（因花朵如同飞翔的鸽子，又称中国“鸽子树”）也是阿尔芒·戴维在夹金山发现的，以后传播欧美，成为风行世界的观赏性植物。在法国巴黎自然历史博物馆里，至今还保存着这些100多年以前的珍贵标本，在英国皇家园林中，有中国‘鸽子树”在迎风飞舞。除了珙桐外，还有野生桂花、连香树、报春花、杜鹃花、独叶草、岷江冷杉等珍稀植物……

夹金山麓的邓池沟教堂见证了世界上第一只大熊猫的发现过程，大熊猫从这里走向世界；熊猫文化在这里起源。专家称：“离开了夹金山，大熊猫的故事无法开头。”

戴维·谢泊尔代表联合国教科文组织和世界遗产委员会，在“四川大熊猫栖息地”提名地进行了为期10天的实地考察。他在雅安整整花了5天时间。“四川大熊猫栖息地”纵横雅安、成都、阿坝、甘孜四个市州12个县，而夹金山是戴维·谢泊尔实地考察评估的“重中之重”。

在他眼里，没有实地考察夹金山，“四川大熊猫栖息地”提名地的考察评估报告就无法做出准确的结论。

戴维·谢泊尔在雅束考察时，留下一句话：“两个戴维在夹金山百年相约，我们的共同目标是，保护大熊猫和与大熊猫生活在一起的伴生动植物，使它们与人类和谐相处。”

今天，在我们生活的地球上有相当一部分物种正面临着灭绝的威胁，仅世界自然保护联盟红色名录里就列出了四万多个物种。如果对这四万多个物种投入巨大的人力和物力进行逐一保护，从资源利用方面来看是不现实的。我们保护生物，要向人们宣传保护工作的价值和正确方式，这就需要一个濒危、可爱、有象征意义的物种来作为载体，大熊猫就是这样一个完美的代表。

如果一个物种既能作为旗舰物种在社会层面引起公众对动植物保护的普遍关注，又能作为伞物种庇护其他同域分布的物种进而维持所在区域生态系统的完整性，那么这一物种无疑是完美的。

大熊猫就担当了这一角色，它作为珍贵的自然遗产有着远超越于生态学范畴的特殊意义。正是这个原因，世界自然基金会选用大熊猫的形象来做徽标；也正是这个原因，世界自然保护地最终花落“四川大熊猫栖息地”。

PART 03

# 大熊猫国家公园

生物多样性是地球上的生命经过几十亿年发展进化的结果，是人类赖以生存的物质基础。为了保护全球的生物多样性，1992年在巴西当时的首都里约热内卢召开的联合国环境与发展大会上，153个国家签署了《保护生物多样性公约》。1994年12月，联合国大会通过决议，将每年的12月29日定为"国际生物多样性日"，以提高人们对保护生物多样性重要性的认识。2001年将每年12月29日改为5月22日。

从1963年中国建立以卧龙为代表的第一批大熊猫保护区开始，截至2016年底，中国政府已经在大熊猫分布区内建立了67个保护区，保护面积超过33000平方公里。保护区的建立不仅庇护了大熊猫，而且还保护了羚牛、川金丝猴、四川山鹧鸪、川陕哲罗鲑、横斑锦蛇、大鲵、独叶草、岷江冷杉等与大熊猫伴生的物种。

野外的大熊猫会一起玩耍吗？

在动物园，我们经常可以看到大熊猫在一起嬉戏、打闹、互相“坑”队友。在画家的笔下，我们也经常看到温馨的场景，两只大熊猫和一只大熊猫幼仔在一起。事实上，这样的场景不会出现在野外大熊猫身上。

除发情期外，野生大熊猫基本上是“独居动物”。成年大熊猫交配后，雄、雌性大熊猫各奔东西，雌性大熊猫生育后，建立“母幼家庭”大熊猫社群关系，母子一起生活。大熊猫幼仔长到两岁半左右，雌性大熊猫就会把大熊猫幼仔撵走，让它独立生活。所以在野外很难看到大熊猫在一直玩耍。

## 中国建立起大熊猫研究机构

2014年3月26日，美国总统奥巴马夫人米歇尔·奥巴马参观成都大熊猫繁育研究基地，并与大熊猫合影留念。

米歇尔首先来到“幼年大熊猫园”，和家人一起用竹竿给六只憨态可掬的大熊猫喂食了苹果。随后，米歇尔前往“太阳产房母子园区”看望2013年出生的大熊猫幼仔，这些只有六七个月大的熊猫分外可爱，令米歇尔和家人驻足良久。在“太阳产房”一侧，她还看望了在美国出生的大熊猫“美兰”。

成都大熊猫繁育研究基地成立于1987年，是中国乃至全球知名的集大熊猫科研繁育、保护教育、教育旅游、熊猫文化建设、野生放养研究为一体的大熊猫等珍稀濒危野生动物保护研究机构，通过迁地保护，进行大熊猫基因、营养、遗传、疾病等方面的研究，建立100只的全球最大圈养大熊猫人工繁殖种群。

与大熊猫亲密合影后，米歇尔在留言簿上记下自己的感受：“感谢安排如此精彩的参观。我和我的家人在这里度过愉快时光。你们为保护和养育这一独特物种做出巨大努

× 成都大熊猫繁育研究基地

× 藏在绿水青山间的大熊猫家园

✕ 一只大熊猫幼仔在雅安碧峰峡大熊猫基地的雪地上行走

力。这是一项十分重要的工作！”

离开基地之前，米歇尔的两个女儿在礼品屋分别购买了一件熊猫T恤和一个熊猫玩偶。

早在成都大熊猫繁育研究基地成立前，一个国际合作的大熊猫研究机构已经建立。

1980年，世界自然基金会与中国政府合作“熊猫项目”，1983年，中国保护大熊猫研究中心成立（后更名为中国大熊猫保护研究中心）。中心科研的主要任务是围绕大熊猫的繁育，增加大熊猫的数量进行应用基础研究，综合开展大熊猫、珍贵经济动植物的行为、生态、饲养、繁殖、育幼、生理生化、内分泌、遗传、疾病防治、人工复壮、种群监测等领域的基础和应用研究。

中国大熊猫保护研究中心是由卧龙、都江堰、雅安碧峰峡三个基地组成。经过近40年的建设，已成为全国规模最大、世界一流的大熊猫科研与自然保护教育基地。

2019年4月29日，大熊猫“如意”和“丁丁”从中国大熊猫保护研究中心雅安碧峰峡大熊猫基地出发，前往俄罗斯开展科研合作。截至2020年初，作为全世界最大的大熊猫国际科研合作平台，中心已先后与美国、荷兰、芬兰、英国、俄罗斯等14个国家16家动物园建立了大熊猫科研合作关系。

在保护和研究大熊猫的同时，如何让野外大熊猫生活得更好，雅安率先提出了建立大熊猫国家公园的建议。

2003年，全球最大的半野生大熊猫基地落户雅安碧峰峡时，雅安市人民政府联合中国科学院·水利部成都山地研究所，向四川省人民政府递交了一份关于建立国家公园的报告，报告建议以雅安等地为中心，建立一个以大熊猫为主题的国家公园，集保护、科普、游憩于一身，为大熊猫和大熊猫栖息地的同时，也针对如何解决生态功能区如何走出生态环境保护与经济发展的矛盾，提出了一种全新的可能与思路。

## 大熊猫国家公园如何建立

2013年，“4·20”芦山强烈地震，雅安在制定重建规划时，再次提出“大熊猫国家公园”的设想，建议设立“雅安大熊猫国家公园”和芦天宝飞地产业园区，把国家生态功能保护区和产业园区严格区别开来。2017年

牛背山云海

8月,《大熊猫国家公园体制试点方案》获国家批准，四川、陕西、甘肃三省合计80多个大熊猫保护地有机整合划入国家公园，总面积为27134平方公里，是美国黄石国家公园三倍。一个环绕邛崃山脉、岷山山脉、龙门山脉、秦岭，纵横川陕甘3省12市（州）30县（区）、82个各类自然保护地的大熊猫国家公园落在了中国中部大地上，大熊猫保护事业开启了新的历史篇章。

大熊猫国家公园地处我国重要的地理分界线，是全球地形地貌最为复杂、气候垂直分布带最为明显、生物多样性最为丰富的地区之一，也是我国生态安全屏障的关键区域。拥有包括大熊猫、川金丝猴在内的8000多种野生动植物，具有全球意义的保护价值。

大熊猫国家公园有野生大熊猫局域种群18个，野生大熊猫数量1631只，占全国野生大熊猫总量的87.5%。在大熊猫国家公园中，大熊猫并不缺少伙伴，它与其他珍贵的野生动植物和谐共生，共同构成了多姿多彩、生机盎然的生态系统。据初步统计，大熊猫国家公园内有脊椎动物641种，其中，川金丝猴、雪豹、云豹、绿尾虹雉、黑颈鹤、朱鹮等国家一级重点保护野生动物22种，国家二级重点保护野生动物94种。

除野生动物外，大熊猫国家公园还生长着不少被国家重点保护的珍稀植物。据现有资料统计，有种子植物197科1007属3446种，其中，红豆杉、南方红豆杉、独叶草、珙桐等国家一级重点保护野生植物4种，国家二级重点保护野生植物31种。

这里还保存有山岳、峡谷、森林、冰川等丰富的自然景观。王朗、牛背山、瓦屋山、唐家河、西岭雪山、喇叭河、神木垒、太白山……这些让人耳熟能详的地方，都在大熊猫国家公园范围内。

1980年6月30日，中国国家环境科学协会和世界野生生物基金会（WWF）签署大熊猫研究和保护合作协议，开宗明义这样写道："大熊猫不仅是中国人民的国宝，也是一项与全世界人类息息相关的珍贵自然遗产，它具有无与伦比的科学、经济与文化价值。"

40年后的今天，大熊猫国家公园通过体制试点验收后将正式设立，它体现的正是大熊猫生态价值、科学价值、经济价值与文化价值的统一。

## PART 04
# 放归大熊猫

从1937年到1990年的50多年间，在世界各地动物园内，人工饲养的大熊猫已超过200只。

1963年9月9日，随着人工繁育大熊猫“明明”“元晶”的相继诞生，大熊猫“发情难、配种受孕难、育幼成活难”这三大难题相继攻克，大熊猫繁育硕果累累。

截至2018年11月，圈养大熊猫种群数量再创新高，全球圈养数量达到548只。2018年共繁殖大熊猫36胎48只，存活45只，幼仔存活率达到93.75%；到2019年底，人工繁育大熊猫总数达到了600只，已基本形成健康、有活力、可持续发展的大熊猫种群。

人工繁育的大熊猫向何处去？重回大自然是它们最好的归宿。

## 并不顺利的大熊猫放归路

早在2003年夏天，卧龙大熊猫保护研究中心开始实施“大熊猫放归行动”。两岁的雄性大熊猫“祥祥”入选，开始接受一系列野化培训。

“祥祥”能从卧龙上百只圈养大熊猫中脱颖而出，主要在于它有三个特质：年龄优势、身强体壮和便于参照。与其他同龄伙伴相比，“祥祥”反应敏捷，学习能力强，可塑性强。

经过3年的野化训练，2006年4月，在卧龙自然保护区巴郎山，随着笼门轻启，大熊猫“祥祥”消失在山野中。

“祥祥”脖子上戴有卫星定位装置，同时采用GPS跟踪技术和无线电遥测技术，每天监测它的生存状况、移动规律和觅食行为。开始的半年，一切顺利。

2006年12月13日，无线电监测显示，“祥祥”出现非常规的长距离移动。科研人员的心揪了起来。一周之后，竹林中闪现“祥祥”的身影，跌跌撞撞有异常。通过仔细观察，科研人员发现“祥祥”身上多处受创，尤

2006年4月28日，大熊猫“祥祥”在卧龙自然保护区“五一棚”大熊猫生态观察站附近放归

以背部、后肢掌部伤势严重，于是“祥祥”被送回基地治疗。

伤口愈合，“祥祥”被再度原址放归。不曾想，几天以后，无线电信号持续衰减，继而中断，“祥祥”下落不明！科研人员冒着严寒，满山搜寻，一个多月过去，终于找到，却只存一具冰凉的尸体……

经过解剖，“祥祥”死因逐渐清晰：与另一只雄性大熊猫争夺领地时发生冲突，一番打斗，“祥祥”败下阵来，逃跑中慌不择路，失足落崖，伤重不治。

科研人员一时面临两难选择：是让正在野化培训的大熊猫返回圈养场，还是让它们到野外继续自己的使命？

无论多难，大熊猫还是得回归自然，只有在野生的条件下，大熊猫种群才能不断地发展壮大。濒危野生动物能够在自然条件下生存和发展，才是真正的人与自然和谐。

2009年3月26日，泸定县兴隆乡，一只躺在路边的大熊猫闯入了科研人员的视线。生病大熊猫被就近送往雅安碧峰峡基地救护。经全面检查，这只5岁的雌性大熊猫因消化道感染引发严重脱水，终因体力不支瘫倒在公路边。

经短暂治疗，大熊猫身体康复，被取名为“泸欣”，放归栗子坪保护区，“泸欣”成为第一只异地放归的大熊猫。

## 首家大熊猫野化放归基地

成都大熊猫四川大相岭自然保护区位于雅安市荥经县南部，这里是以

大熊猫放归地——石棉县栗子坪国家级自然保护区。

大熊猫、珙桐为主的珍稀野生动植物及其栖息环境为主要保护对象的野生生物环境类型。保护区内的大熊猫、牛羚、珙桐、红豆杉等珍稀濒危野生动植物资源十分丰富，是一个具有特色和代表性的生物群落类型，具有极高的保护价值。

保护区内森林覆盖率达95%以上，环境幽雅，空气清新。森林、峰岭、山谷与溪流、跌水、瀑布共同构成一幅秀丽的自然山水画，是大熊猫等动物生活的绝佳境地。

而翻开中国野生大熊猫分布图，位于大小相岭大熊猫种群交流走廊带的四川省雅安市石棉县栗子坪自然保护区格外引人注目。

这里地处四川盆地西南缘，雅安、凉山、甘孜三市州交界处，与凉山州冕宁县、甘孜州九龙县接壤。往南，是凉山的雷波、美姑、马边等地，也是野生大熊猫栖息地的最南端；往北，是大相岭和邛崃山、龙门山和秦岭。

大熊猫“张想”被放归自然，开始独自“野外求生”

自2009年起，栗子坪国家级自然保护区开始承接大熊猫放归工作，并于2014年成为全国首个“大熊猫野化培训放归基地”。让大熊猫回归大自然，从四川省雅安市最南端的石棉县开始，这里也因此有着“中国大熊猫放归基地”和“中国大熊猫放归之乡”的殊荣。

栗子坪的山间时而云雾缭绕，时而茂林苍翠；峡谷中或激流喧腾，或澄澈如镜，俨然一个茂林修竹的大熊猫乐园，是国内首家大熊猫野化放归基地。

2012年国庆节过后，也就是在“泸欣”产仔后不久，“淘淘”也奔向了栗子坪的茫茫深山。与“祥祥”不同的是，作为采用野化新方法培训出的第一只人工繁育大熊猫，同时也是圈养大熊猫野化培训二期项目的第一个试验个体，“淘淘”在栗子坪迈出的一小步，具有重要意义。这标志着我国大熊猫保护工作进入新的发展阶段，是我国野生动物保护事业的又一重要里程碑。

紧随“淘淘”步伐，“张想”“雪雪”“华姣”“华妍”“张梦”等大熊猫近几年间纷纷落户栗子坪，放归大熊猫“新移族”不断壮大。2017年11月23日，大熊猫“映雪”“八喜”在栗子坪自然保护区放归，这是全球第二次同时放归的两只大熊猫。我国迄今野化放归的11只大熊猫中，有9只就放归在了栗子坪。

据2015年第四次大熊猫普查统计，这一狭长的地带上生活着30余只大熊猫，至今这一数字仍在增加，放归大熊猫“新移族”不断壮大。

人们希望通过放归，圈养大熊猫能融入当地大熊猫种群中，最终增加遗传多样性，复壮这里的大熊猫种群。

随着一只只大熊猫的放归，为了观测大熊猫在野外的安全和健康状况，栗子坪保护区大熊猫专职监测队和中国大熊猫保护研究中心的科研人员每天在山间穿梭。往往在山上一待就是一周，常常十天半月回不了一趟家。他们常常会为拾到一枚新鲜粪团而兴奋不已，为获得一项准确数据而喜上眉梢。

在栗子坪保护区管理局办公楼里，悬挂着一张拍摄于2014年3月25日的照片：雪花飘舞，“泸欣”行走雪地，颈部重新佩戴的项圈清晰可见，身后，一只半大熊猫宝宝紧紧

大熊猫妈妈是如何训练幼崽的？

雌性大熊猫一般每胎1仔，大熊猫妈妈常把熊猫幼仔搂在怀中，轻轻抚摸，外出时也把它衔在嘴里，或用背驮着，亲亲热热，形影不离。等到大熊猫幼仔五六个月大时，妈妈就开始教它爬树、游泳、洗澡和剥食竹子等本领。两年后，大熊猫幼仔离开母亲，开始独立的生活。

跟随，毛绒模样，惹人怜爱。

接下来的半年中，红外相机多次捕捉到这对母子。经DNA样本收集和遗传分析显示，照片里的熊猫宝宝约出生于2012年8月，妈妈是“泸欣”，爸爸则是栗子坪保护区编号为LZP54的野生大熊猫。

大熊猫野放成功有几项观察指标：第一步，野放的大熊猫至少要存活一年，自己能够解决温饱问题；第二步，要能参与野放区域当地的社会交往，建立自己的领地，同时回避别的大熊猫领地；第三步，看能不能“找到对象”繁育后代。

“泸欣”自然配种、产仔、育婴顺利，证明异地放归计划可行，复壮孤立小种群希望显现。

为了给放归在这里的大熊猫“新移族”一个完整的家，当地的彝族同胞也成为了“新移族”，原居住在这里的彝族同胞整体搬迁。

2018年12月6日下午，“四川大相岭大熊猫野化放归基地投用揭牌暨大熊猫入住仪式”在四川大相岭省级自然保护区举行。大熊猫“和雨”和“星辰”入住该基地，将接受进一步野化训练，这意味着继栗子坪之后，中国第二个大熊猫放归基地落户雅安。

20 天后，中国大熊猫保护研究中心在成都都江堰市龙溪—虹口国家级自然保护区举行大熊猫“琴心”和“小核桃”的放归仪式，这不仅是中国第三个大熊猫放归基地，而且是首次在成都范围内放归人工圈养繁殖的大熊猫。

回望栗子坪、大相岭、龙溪—虹口的茫茫深山，或许放归在这里的大熊猫，未来还充满着艰辛与坎坷，但大熊猫真正的家在野外，让大熊猫回归自然是一切努力的终极意义。大熊猫的栖息地不会成为一座座“空山”，这里的“新移族”和它们的儿女将越来越多。

## PART 05
# 熊猫文化，中国魅力

如果选择一种动物来代言中国，外形黑白分明，线条简洁柔和，外表憨态可掬、性情温和的熊猫是不二之选。

作为中国对外交流中的“友谊使者”，大熊猫在1957 ~ 1982年被赠送给朝鲜、美国、日本、法国、英国等9个国家，改革开放以后以“大熊猫合作繁殖”为基础的“熊猫租借”，每次赠送或归国都会引发一股热潮。

## 打破丛林法则的大熊猫

众所周知，弱肉强食是大自然的丛林法则。丛林是由植物和动物组成的生命家园，在我们地球上，植物在先，动物在后；植物是原先的居民，动物是后来者。在只有植物的丛林之中，是各种各样的美丽花木，它们千姿百态，既各领风骚，又相扶相依，构成了一幅“和睦相处”的原图。之后动物们的到来，尤其是食肉动物的到来，基于它们之间的“食物链”，“弱肉强食”的丛林法则在宁静的丛林中血腥地建立起来。

大熊猫幼崽

“大鱼吃小鱼，小鱼吃虾米，虾米吃泥巴。”大鱼也不能独善其身，大鱼死后尸体腐烂又会化作泥土，成为虾米的食物……这是大自然界最简单的生物链循环。而正是大自然中数不尽的生物链循环往复，才使得地球生生不息，绵延不绝。

“物竞天择，适者生存。”是大自然中所有的生物一直遵循的一种准则，在自然界，弱者注定是被淘汰。弱者想要在自然界生存，要么跑得快，要么跑得更快；弱者想要在大自然生存下去还有一种方法，那就是抱成团，蚂蚁多了也能咬死象，狮子固然是草原上的霸主，但依然架不住鬣狗的狗海战术；如果没有强壮的力量，拥有一个聪明的脑袋也能在大自然占据一席之地，如狐假虎威。

在这个蓝色星球上走过800万年的大熊猫，不能不说是一个奇迹。它没有成为“食物链”中的一环，打破了“弱肉强食主”的丛林法则，以与

成都大熊猫繁育研究基地的熊猫宝宝与饲养员

伴生动物“和谐相处”的方式一路走了过来。

大熊猫最先是“熊”，2000万年前左右，它与其他熊科物种分道扬镳，独自演化。在800万年前的中新世时期，始熊猫（Ailuaractos Lufengensis）登上舞台，它们还是杂食动物，只有前臼齿有食竹的雏形。300万年前，始熊猫灭绝，但演化的旁支小种大熊猫（Ailuropoda Microta）出现在中国中南部地区。它的体型只有今日大熊猫的一半，所以说它“小”。小种大熊猫还是杂食动物，但食物中竹子的比例已经很高了。

到了更新世中期，云贵高原和秦岭拔地而起，阻挡了西北干冷季风南下，造就了云贵、秦岭东南等地湿热的气候。后来小种大熊猫灭绝，被巴氏大熊猫替代，与大熊猫一起生活的是著名的剑齿象、剑齿虎、北京猿人、南方猿人等。然而，随着冰期温度降低，自然环境剧烈变化，大部分物种都难逃灭绝的厄运。

大熊猫“死里逃生”活了过来。它本该吃肉为生，偏偏选择吃素，选的还是植物中最难下咽、营养又不高的竹子。虽然竹子口感不佳，营养极差，但好在分布广，数量大，其他动物又不吃，大熊猫倒也衣食无忧。这种取食上的巨大转变，在很大程度上帮助了大熊猫减少与其他物种的直接竞争，获取充足的食物，不失为明智之举。

想想昔日地球霸主恐龙今安在？由此看来，大熊猫并不是进化史上的失败者，而是“适者生存”的最大赢家。抬头参天大树，低头灌丛绿竹，松萝挂枝，苔藓密布，缓坡溪流淌淌而过，这就是大熊猫的天堂。与世无争的大熊猫凭着独特的选择，从古走到今。

## 以“和”为主题的大熊猫文化

从大熊猫科学发现至今，人类研究大熊猫已走过了150多年。从“生物熊猫”到“文化熊猫”的转变，正是人类对大熊猫认识的升华。一切生物都有消失的一天，但作为文化存在的大熊猫却是永存的。然而，说到大熊猫文化，没有人能准确说出其中的内涵。事实上，人类对大熊猫的科学研究多于大熊猫的文化研究。

2019年10月29日，在2019中国（四川）大熊猫国际生态旅游节闭幕式上，发布了《纪念大熊猫科学发现150周年共识》，对大熊猫文化进行了全面梳理，如果用一个字来概括大熊猫文化，那就是“和”。

大熊猫没有天敌，它与世无争，吃的是没有一样动物选择、营养价值并不高的竹子，展示了它“和平外交”的形象。800万年来，大熊猫经受了

✕ 碧峰峡雅安大熊猫保护研究基地

冰川考验，遭受竹子开花的劫难，同时代的动植物几乎都消失了，大熊猫依然顽强地“好好活着”，因为其有“和善坚韧”的精神内核，有着强大的力量。它择一山而终老，生活在青山绿水间，与跟它一起伴生的动物植物和谐共生、相安无事，展示了独特的“生态文明观”。另外，大熊猫还是世界上最受人喜爱的动物之一，是最有价值的中国“国礼”，也是最有世界影响力的绿色旗帜，带给人类“和气致祥”的美好祝福。

大熊猫文化以“和”为主题，正诠释了中国传统文化的精髓。

2008年上演的电影《功夫熊猫》，正是西方文明对东方文化的多元图解，蕴藏了中国博大精深的传统文化。在全球化背景下的今天，大熊猫既是象征团结进取的吉祥物，又是传递友好和平的使节，凝聚了世界的文化认同。

1993年，费孝通在与日本学者的学术交流中，以“各美其美，美人之美，美美与共，天下大同”高度概括了人类社会及其文化未来发展的途径和光明前景，体现了中华文明中的“和”的文化精髓，也为大熊猫文化作了恰如其分的注脚。

绿色、生态、环保是当今世界广泛认同的发展理念，是人类价值追求的一大体现。大熊猫唤起人类对生物多样性、土地、森林、气象、水流、大气动态变化等生态系统的重视。

作为唯一一个有野生大熊猫的国家，我们的保护远远不应该止步于扩大圈养种群。更合理的做法，是把资源投放在野外栖息地的保护上。而这种保护不仅仅是为了庇佑大熊猫，也庇佑着维系其他生物生存的命脉。

大熊猫的分布地区恰巧也是中国特有物种最密集的地区，96%的熊猫栖息地都是中国特有物种分布热点地区。大熊猫栖息地里分布了8000多种的动植物，覆盖了70%只在森林生活的中国特有哺乳类、70%中国特有鸟类以及30%的中国特有两栖类动物。

可以说保护任意一片熊猫喜好的林子，都庇护着诸多不为人知、独特而很有可能濒危的物种。我们对熊猫的爱，对它们家园的守护，使得熊猫就像一把大伞，保护和它生活在同一片土地的这些生灵。

熊猫文化，世界共享。大熊猫文化成为了中国文化走向世界、影响世界的最好载体，是中华文化的一张响亮的名片，与世界共享。